贵州无籽刺梨生态适应及应用研究

李朝婵　全文选　胡继伟　著

科 学 出 版 社

北　京

内 容 简 介

本书是在贵州特色植物无籽刺梨资源调查基础上完成的专著，旨在为无籽刺梨适生区划、资源利用开发和产业化提供支撑和依据。全书共分为12章：第1章介绍贵州无籽刺梨研究概况；第2章是贵州无籽刺梨的资源分布；第3章是贵州无籽刺梨无性繁殖技术；第4章是贵州无籽刺梨基地土壤状况；第5章是无籽刺梨果实营养成分的测定与评价；第6章是无籽刺梨果实品质评价；第7章是重金属胁迫下无籽刺梨幼苗生长特征；第8章是典型种植区无籽刺梨套袋技术；第9章是典型种植区无籽刺梨基地土壤状况；第10章是典型种植区无籽刺梨果实品质评价；第11章是菌根技术在无籽刺梨栽培中的应用；第12章是无籽刺梨果酒研发现状。

本书可供从事植物资源开发与保育工作人员，高等院校及科研单位的学生、教师和工作人员，从事农林业方面的相关人士，以及植物爱好者参考使用。

图书在版编目(CIP)数据

贵州无籽刺梨生态适应及应用研究 / 李朝婵，全文选，胡继伟著. — 北京：科学出版社，2019.10

ISBN 978-7-03-059738-0

Ⅰ. ①贵… Ⅱ. ①李… ②全… ③胡… Ⅲ. ①刺梨 - 植物生态学 - 研究 Ⅳ. ①S661.901

中国版本图书馆 CIP 数据核字 (2018) 第 262345 号

责任编辑：张 展 孟 锐 / 责任校对：彭 映
责任印制：罗 科 / 封面设计：墨创文化

科学出版社 出版

北京东黄城根北街16号
邮政编码：100717
http://www.sciencep.com

成都锦瑞印刷有限责任公司 印刷

科学出版社发行 各地新华书店经销

*

2019 年 10 月第 一 版 开本：787×1092 1/16
2019 年 10 月第一次印刷 印张：13
字数：267 000

定价：79.00 元
（如有印装质量问题，我社负责调换）

序

  党的十九大报告指出，建设生态文明是中华民族永续发展的千年大计，必须树立和践行绿水青山就是金山银山的理念，坚持节约资源和保护环境的基本国策，像对待生命一样对待生态环境。林业是生态建设的主体，在建设生态文明中具有重要地位和作用。贵州是我国贫困面最大的省份之一，是全国脱贫攻坚的主战场，贵州近年来的林业经济发展迅速，有力推进了油茶、核桃、刺梨、油用牡丹等产业发展。林业产业的快速发展，在为经济社会提供大量林产品的同时，也成为改善农村生态环境、缓解农民就业压力，促进农民增加收入，推动经济社会全面、协调、可持续发展的重要途径。2016 年，贵州省入选首批国家生态文明试验区，标志着生态文明建设和大生态发展站在了新的历史起点。

  贵州的石漠化问题是制约地区经济社会发展的重要因素，石漠化的适生树种选择是一个关键，既要有绿化固土又有经济效益的树种当是首选，在治理过程中带动一方致富奔小康才是长久之策。无籽刺梨是贵州特有的野生资源，起源命名于贵州，发展壮大在贵州，可以说无籽刺梨的发展壮大是离不开贵州林业部门大力支持。提起无籽刺梨，还要提到贵州刺梨，原贵州农学院院长罗登义教授使刺梨的价值闻名于世界，正是刺梨的价值被发现和肯定，20 世纪 80 年代贵州省科委组织全省专家学者进行刺梨资源普查，由此无籽刺梨被发现、命名、保育、推广至今。目前，无籽刺梨获国家植物新品种保护，且已形成规模化的种植基地，具备产业化的发展前景。当前贵州将该植物作为石漠化治理的先锋树种，通过栽种无籽刺梨形成石漠化地区的生态扶贫产业，让石漠化变成了金山银山。

  贵州师范大学的李朝婵博士及其团队老师、研究生，对无籽刺梨这一新资源进行了深入的考察、分析测试和评价，形成了一系列的科研成果，值得庆贺。即将出版的这本书是对无籽刺梨近年来研究的总结和对今后的展望，该书涉及无籽刺梨的研究现状，资源分布与调查，无籽刺梨的扦插、组培技术，种植基地的土壤现状评价，果实营养价值评价与套袋技术研究，菌根技术应用和果酒工艺研究。该书的内容既有基础研究，又有应用研究，该书的出版对于读者快速了解无籽刺梨这一新资源的研究现状及发展趋势是大有好处的。

  我先期阅读了该书，乐为之序。

2018 年 9 月

前　言

在中国西南部的贵州，大自然孕育了丰富而独特的多样性生物和特有的生态系统，其中植物物种尤为丰富。植物天然杂交是其在自然界进化的动力之一，作为蔷薇属植物的一员，无籽刺梨的魅力便是有偶然的天然杂交存在。正如它的名字，无籽刺梨失去了种子繁殖的机会，但更加容易的无性繁殖促使它逐渐走出"家乡"，走向更加宽广的地域，成为人们走向致富之路的经果林，因而它的重要性是不言而喻的。

无籽刺梨是贵州的特有种质资源，其果实可以作为水果食用，因含有黄酮等有效成分，现已用于保健食品、药物的开发；其植株本身具有攀缘、树冠较大、花型较好、芳香等特点，可以作为盆景的绿篱植物；同时，发达的根系使其在水土保持和石漠化防治等生态方面具有很大的潜力。无籽刺梨是一种具有显著地域性特征，同时具有生态价值的药食两用植物资源。贵州气候条件有明显的地区差异，且季节性干旱，因此会影响无籽刺梨的生长发育及产量。无籽刺梨的使用目的不同，其品质要求也不同，为充分利用其植物资源，需进一步展开资源调查。在此基础上对贵州无籽刺梨生长环境、植物资源品质等进行综合分析、评价，为无籽刺梨适生区划、资源合理配置、产业深化研究提供科学的数据支撑，保证无籽刺梨生长环境和后续开发的健康有序进行，为合理开发利用和优种选育提供理论依据。

本书主要内容包括：贵州无籽刺梨资源分布与无性繁殖技术，贵州无籽刺梨基地土壤状况，无籽刺梨果实营养成分的测定与果实品质评价，重金属胁迫下无籽刺梨幼苗生长特征，典型种植区无籽刺梨套袋技术，典型种植区无籽刺梨基地土壤状况与果实品质评价，菌根技术在无籽刺梨栽培中的应用，无籽刺梨果酒研发现状。

参与本书写作的主要有贵州师范大学的李朝婵、全文选、胡继伟，以及项目组研究生杨皓、李婕羚、张泽东、付远洪、金晶、唐凤华、顾云兵、钱沉鱼、许塔艳、杨荞安、潘延楠等；本书同时得到贵州师范大学黄先飞、杨占南，贵州省生物研究所贺红早、张珍明，以及贵州省植物园时圣德、周洪英、吴洪娥的帮助。作者水平有限，加之时间仓促，书中若有不妥之处，敬请读者不吝赐正。

本书是在贵州省农业攻关计划项目(黔科合 NY〔2015〕3022-1)、国家自然科学基金委员会-贵州省人民政府喀斯特科学研究中心项目(U1812401)、贵州省高层次创新型人才千层次项目、贵州省林业科技项目(黔林科合〔2016〕09)共同资助下完成的，在此一并表示感谢。

目　　录

第1章 贵州无籽刺梨研究概况

贵州喀斯特地区是我国乃至世界生态环境最脆弱、水土流失最严重的地区,当地的农业生产和生态环境受自然环境因子影响面临着巨大的挑战(甘露等,2001;苏维词,2000)。土壤肥力有限、石漠化现象日益加重等诸多生态环境因子限制性,严重制约了该地区经济、社会的发展(Li et al.,2009;龙健等,2006)。无籽刺梨(*Rosa sterilis* S. D. Shi)是贵州果树的特有种质资源,是国家认可的植物新品种,具有抗旱、耐瘠、浅根性等生态适宜优势,同时具有药食两用的经济价值。作为一种可促进喀斯特石漠化地区生态建设和经济发展的重要经果林,无籽刺梨在生态领域、医药领域、食品开发领域方面的价值被逐步证实,在生态改良、经济价值和品质提升方面的研究备受重视,成为近年来的研究热点。

喀斯特地质地貌条件复杂,土地类型多样,宜林荒地面积较大,属于亚热带湿润季风气候,温暖湿润,年气温变化小,降水丰沛,适合多种亚热带经济果木林的生长(王金乐,2008)。由于特殊的地质、地貌、气候、植被、环境以及人口压力等问题,贵州成为我国水土流失以及石漠化较为严重的地区,水土流失面积高达 40%以上,石漠化面积高达73.8%以上,由此引起的一系列重大生态环境严重地制约了区域社会经济的可持续发展(苏孝良,2005)。石漠化地区土层较薄,土壤水分易下渗流失,表层土壤易被冲刷而流失,复杂的地形因素导致贵州地区水土保持治理更加艰难,选取水土保持和石漠化防治的树种必须适应该地区自然环境等客观因素。

无籽刺梨,鲜食、干果、入酒、入药均可,由于其无籽、高糖,故在产品加工方面较节约成本,是作为水果型食品的理想原料,同时也降低了对深加工产品的工艺要求。果实中果肉清脆无涩,富含糖类、VC、SOD、VB$_2$、VE 等和多种微量元素,具有多种医疗保健作用,药食资源开发前景广阔(付慧晓等,2012)。随着人们生活水平的提高,以无籽刺梨为代表的药食同源的绿色食品受到现代社会的关注。由于无籽刺梨为近年来新发现的种质资源,其研究范围还比较局限,产品的市场开发还比较薄弱,研究人员一般将研究重点放在无籽刺梨的形态学特征、扦插育苗与组培快繁、香气成分分析、抗白粉病及药理特性等生物学分析方面,其他研究进展较缓慢,势必阻碍无籽刺梨产业化的进程。综合分析无籽刺梨的研究与开发现状,能更好说明当前的研究重点、水平以及需要加强之处。本章节对无籽刺梨的研究与开发现状进行全面总结,提出无籽刺梨研究中拟解决的关键性问题与展望,旨为综合开发无籽刺梨提供参考。

本章系统地回顾了无籽刺梨从 20 世纪 80 年代被发现至今的研究进展:①基础研究进展,包括生物学特征、果实成分和种质资源等;②种植管理研究进展,包括病虫害防治、丰产栽培技术、组培快繁技术和生态适宜性等;③资源开发与产业化研究。最后指出了无籽刺梨在研究与开发过程中存在的关键问题，并对今后的研究进行了展望。

1.1　无籽刺梨研究历程

由于无籽刺梨为 1985 年发现的新种质资源，近 30 年来相关研究还比较局限与缺乏。以中国知网全文数据库、维普中文期刊全文数据库、Springer Link 数据库和外刊资源服务系统等为平台，在 2015 年 8 月 10 日采用主题检索国内外有关无籽刺梨的文献，发现无籽刺梨的研究主要集中于基础理论研究、种植管理研究、资源开发研究三大类。并且，依据文献的研究内容与数量等情况，可将研究历程分为三个阶段，即 1985~2002 年的基础研究阶段、2003~2011 年的深入研究阶段和 2012 年至今的综合研究阶段（表 1-1）。

表 1-1　无籽刺梨的发展阶段与特征

研究阶段	主要特征	研究背景
基础研究阶段（1985~2002 年）	相关研究文献极少，仅有 7 篇文献	该阶段集中在无籽刺梨的形态学和扦插育苗的研究，但对于其具体分类尚未明确
深入研究阶段（2003~2011 年）	对无籽刺梨的研究逐渐被重视，发文量增多，每年发表量在 2 篇左右	以种质资源研究为重点，理论研究与技术研究均有涉及；处于示范推广时期，贵州省内对其研究较为重视
综合研究阶段（2012 年至今）	从 2012 年至今共发表了 60 余篇文献，涉及专利、成果较多	药食价值受到重视，开始规模化推广种植，其经济效益、社会效益和生态效益得到体现；研究多元化，专利成果涉及栽培方法以及无籽刺梨果酒、茶、冲剂和保健品的研发

1.2　无籽刺梨研究背景

无籽刺梨对土壤条件要求不高，其自身特有抗旱、耐瘠与浅根性的特点，喜阳、喜散射光。在石山、河堤、路边、田坎旁、撂荒地、房前屋后等地，在 pH 6~8 的黄壤、石灰土、黄棕壤等土壤类型上均可种植与生长。作为贵州特有种质，无籽刺梨具有药食两用的特点，其果实糖分含量比普通刺梨（*Rosa roxburghii* Tratt）高 13.3%，单宁含量比普通刺梨低 71.7%，同时果实富含 VC，具有重要的开发及应用前景（刘松等，2014；付慧晓等，2012）。2015 年 10 月，经国家林业局植物新品种保护办公室审查，其品种获国家林业局授予植物新品种权（2015 第 18 号公告），并获颁发"植物新品种权证书"。结合无籽刺梨自身的优点、贵州的优势自然环境因子和有利的社会经济因素，无籽刺梨产业在喀斯特石漠化地区进一步的发展具有得天独厚的条件，已建成多个示范性种植基地（如黔西南州的兴仁市、安顺市的西秀区、平坝区、普定县、紫云县，毕节市的双山新区，贵阳市的乌当区、开阳县等）。结合贵州省石漠化治理的需求，该产业不仅可为种植区带来经济效益，还可带来客观的生态和社会效益。

　　已有研究并未对无籽刺梨的地理分布、种植数量以及各地果实品质差异等进行翔实的调查，无籽刺梨的资源开发利用方面也受到局限，影响其产业化的发展。无籽刺梨在食品开发和药用价值方面虽具有广阔的前景，但尚未进入药典名录。此外，前期调查发现一些种植基地的无籽刺梨果树有病虫害、树体矮小、树势衰退等现象，出现所产果实品质下降、口感不佳等问题。

　　随着无籽刺梨产业的快速发展，相关茶、酒、冲剂、果干、保健产品、药品和化妆品的研究与开发，需查明无籽刺梨资源状况和地区间的品质差异，才能明确各产区无籽刺梨的用途。在工业化大量生产的前景下，无籽刺梨各方面品质评价的标准尚未建立。因此，为促进无籽刺梨产业的发展，需要在贵州省内以乡镇为单位查明无籽刺梨资源现状，从无籽刺梨生长外部环境到果实内部品质对各项指标进行分析测定，为喀斯特地区无籽刺梨产业的发展提供数据依据，从而调整资源分配状况，提高生态农业效益。

1.3　无籽刺梨物种命名和起源

　　20 世纪 80 年代初，贵州农学院在贵州刺梨资源调查中首次发现了无籽刺梨，其后，贵州省植物园的时圣德老师将其作为蔷薇属的新种以文献形式发表出来，认为其为缫丝花的近缘(时圣德，1985)，同时在贵州省植物园苗圃进行了无籽刺梨的资源保育和扦插扩繁。贵州省毕节市林科所专家于 1988 年在贵州省黔西县进行了无籽刺梨扦插繁殖实验，取得了较好的效果。1991 年毕节地区的刺梨资源调查认为无籽刺梨应作为单独品种与其他刺梨进行区分(彭华昌，1991)。安顺市林科所于 2000 年开始从贵州省植物园引种，栽培成功后于 2002 年对其进行组织培养研究，并于 2004 年底在西秀区等地进行组培苗的种植(韦景枫等，2007)。至此，无籽刺梨作为贵州省特有种在安顺市、黔西南、贵阳市等喀斯特地区广泛栽种。

　　无籽刺梨属蔷薇科(Rosaceae)蔷薇属($Rosa$)，多年生攀缘小灌木(韦景枫等，2012a)。果树高 4~6m，果实呈近椭圆形，成熟果实表皮为黄棕色并带有小刺，果实内无种子或极个别有 1~2 粒种子，野生资源少(林源等，2015)，需通过无性繁殖进行扩繁。无籽刺梨生长力较旺盛，其根系介于表层土壤 10~60cm，属浅根性果树，根系冬季也可缓慢生长。成年果树一年内有三次生长高峰，首次高峰出现在 3 月底~4 月初，次高峰出现在 7 月中下旬，最后一次生长高峰出现在 9 月底~10 月中旬。以首次高峰出现的发根量最多，地表温度在 25℃及以上时，最适宜根的生长。无籽刺梨的盛花期在 5 月中旬，花蕾为淡粉色，开花时呈雪白色，其叶片较小，呈长圆形，无籽刺梨花期长达一个月，其原因可能与其花芽分化有关，这种特性将使果实的采收时间不统一，导致果实成熟期延后(杨康兴，2012)。无籽刺梨芽早熟，在芽生长的当年即可以萌发生长，在每年的 2 月份开始萌发，芽苞较普通刺梨大，瓣形较明显，成熟无籽刺梨为黄褐色。无籽刺梨具有花芽分化这种特性，可能使果实的采收时间不统一(韦景枫等，2012b)。果实在每年的 8~11 月逐渐成熟，果实皮刺较少且稀疏，果实成熟时呈橙黄色(郑元等，2013；韦景枫等，2012b；杨康兴，

2012），体积略小于刺梨，但可食率高于普通刺梨（吴洪娥等，2014）。由于其具有速生、易繁殖、适应能力强的特点，在农地、石山、路旁、林缘种植皆宜，且挂果时间短，营养丰富，口感较好，味甜于普通刺梨（安明态，2009）。

在形态上，无籽刺梨与普通刺梨有明显的不同。近年来，无籽刺梨被广泛认为和普通刺梨不属于同一种，分类学上将其和普通刺梨、贵州缫丝花、白花刺梨同归于蔷薇属的小叶组。无籽刺梨和缫丝花很相似，相似表现包括叶型、果形、花序、花色等，虽然无籽刺梨在子房中发现有膨大的胚珠，但是其随着果实的发育而逐渐萎缩死亡，经过形态学比较，认为无籽刺梨可能是一种自然杂交种（季祥彪等，1998）。无籽刺梨与有籽刺梨的区别特征为：无籽刺梨的花为雪白色，有籽刺梨的花为红色或粉红色；无籽刺梨复叶的叶片有 9片，叶子大、卵圆形、长尖，嫩叶初展时先端部分呈淡红色，有籽刺梨复叶的叶片有 11片，叶子小、卵圆形、略尖，嫩叶初展时先端部分呈暗红色；无籽刺梨的皮孔大、稀疏，有籽刺梨的皮孔小、密集；无籽刺梨的刺为棕色，有籽刺梨的刺为黑棕色；无籽刺梨的节间长，芽苞大，瓣形明显，有籽刺梨的节间短，芽苞小，瓣形不十分明显；无籽刺梨的枝干为青灰色，开裂小，有籽刺梨的枝干为灰色，开裂大（杨康兴，2012）。

季祥彪等（1998）将单瓣刺梨、重瓣刺梨（即贵州缫丝花）、白花刺梨和无籽刺梨进行了形态学比较，认为无籽刺梨可能是一种自然杂交种，胚珠较大，在叶形、果形、花序、花色等方面和缫丝花很相似。李旦等（2015）利用 AFLP 分子标记和 DNA 条形码技术对无籽刺梨进行了鉴定，进一步证实了无籽刺梨与普通刺梨是独立的两个品种。Wen 等（2003）通过形态学和 RAPD 分析，发现无籽刺梨和普通刺梨的亲缘关系较远，可能源于贵州缫丝花的高度雄性不育变异。前人还对其染色体制片技术进行了研究，为今后多倍体育种材料的倍性鉴定提供了理论基础及实践指导（林源等，2015）。此外，在安顺无籽刺梨引种过程中，还发现了新变种——光枝无籽刺梨和黔安无籽刺梨（唐玲等，2013），特别是黔安无籽刺梨的 VC 含量与普通刺梨相当，但含糖量是普通刺梨的 6 倍。

邓亨宁等（2015）以无籽刺梨及同域分布的蔷薇属 14 种、2 变种和 2 变型为实验材料，选取 5 个叶绿体基因片段及 2 个核基因片段进行扩增和测序。结果表明无籽刺梨起源于长尖叶蔷薇与缫丝花的天然杂交，长尖叶蔷薇和缫丝花分别为其母本和父本，该研究在分子数据的证据上证实了无籽刺梨的杂交起源。无籽刺梨与同属的长尖叶蔷薇和缫丝花为近缘种，并且在系统发育树上得到了可信的支持。叶绿体基因片段的系统发育重建分析中，无籽刺梨与长尖叶蔷薇互为姐妹关系；在核基因片段的系统发育重建分析中，无籽刺梨的相应基因单倍型均分别与长尖叶蔷薇和缫丝花聚在一起。由于蔷薇科植物的叶绿体基因系母系遗传，因而认为无籽刺梨起源于长尖叶蔷薇与缫丝花的天然杂交，长尖叶蔷薇为母本、缫丝花为父本。为进一步探讨无籽刺梨及其近缘种的关系，陈兴银等（2017）对采自贵州兴仁的无籽刺梨、采自贵州安顺的光枝无籽刺梨、采自贵州遵义和兴仁的缫丝花以及从美国国立生物技术信息中心（National Center of Biological Information，NCBI）网站上下载的长尖叶蔷薇进行内转录间隔区（internal transcribed spacer，ITS）序列分析。通过最大简约法（maximum parsimony，MP）进行聚类分析显示，无籽刺梨与长尖叶蔷薇聚为 1 支，通过形态学比较发现无籽刺梨与贵州缫丝花、缫丝花较为接近。研究结果为进一步探讨无籽刺梨的物种起源提供了一定的理论基础。无籽刺梨起源于长尖叶蔷薇与缫丝花的天然杂交，苗木的性状、产量稳定，是植物新品种资源。

1.4　无籽刺梨果实成分

1989 年，梁光义等关于无籽刺梨萜类物质的研究在 *Journal of Natnral Products* 上发表，这是国际上首次有关无籽刺梨的外文文献记录 (Liang et al.，1989)。付慧晓等 (2012) 采用固相微萃取技术和气相色谱-质谱联用技术，对普通刺梨和无籽刺梨的香气成分进行了分析测定，发现普通刺梨与无籽刺梨的主要成分具有较大的差异，测定结果表明，普通刺梨与无籽刺梨共有的化合物有 14 种，普通刺梨中的主要成分为 3，7-二甲基-1，3，7-辛三烯 (20.469%)、壬醛 (5.029%)、1-石竹烯 (6.101%)、γ-芹子烯 (12.733%)、正二十八烷 (6.057%)；无籽刺梨中的主要成分为乙酸顺式-3-己烯酯 (10.649%)、(Z)-3，7-二甲基-1，3，6-十八烷三烯 (5.672%)、1-石竹烯 (10.643%)、α-石竹烯 (5.911%)、γ-芹子烯 (18.218%)、α-芹子烯 (5.412%)、正十七烷 (11.573%)。普通刺梨与无籽刺梨的主要成分有一定的差异可能是造成二者气味及口感差异的原因。姜永新等 (2013) 继续对无籽刺梨新鲜果实挥发性成分进行了 GC-MS 分析，从挥发油中鉴定了其中 57 种挥发性成分，包括芳香族类 5 种，烯烃类 16 种，烷烃类 8 种，醇类 7 种，酸类 6 种，酯类 5 种，酮类 6 种和醛类 4 种，研究结果将为进一步深入了解其香气特征、改善产品风味及开发天然香料等提供参考。吴小琼等 (2014) 进一步分析了无籽刺梨挥发油的化学成分，采用超临界 CO_2 萃取法提取，并通过 GC-MS 进行分析和鉴定，最后结果表明，其挥发油的化学成分较为复杂，除含有大量的酯、醇、烷烃、甾体以外，还含有少量的有机酸、烯、萜、VE 等化合物，从而构成其独特的营养食用价值。沈昱翔等 (2013) 使用紫外分光光度计对安顺市西秀区、普定县、平坝区等几个无籽刺梨主要产地的鲜果进行了总糖和抗坏血酸的测定，西秀区罗仙村的无籽刺梨抗坏血酸含量最高，普定化处的无籽刺梨总糖含量最高，这可能是由于栽培环境不同所导致。无籽刺梨果实富含黄酮类成分，不同种植地的含量具有较大差异，日照强度和年降水量是影响果实中黄酮类化合物含量的主要环境因子 (Li et al.，2018)。

无籽刺梨果实含有多种营养成分 (表 1-2)，主要包括蛋白质、碳水化合物、维生素类、SOD 以及多种活性物质等，但产地不同，营养成分的含量也有所不同 (表 1-3)。研究发现，环境条件和种质资源的差异可能影响其含量 (沈昱翔等，2013)，但具体因素有待进一步研究。近年来的研究证实，无籽刺梨与普通刺梨的挥发性成分具有较大的差异，这可能是导致两者气味及口感差异的原因 (付慧晓等，2012)。进一步的研究发现，无籽刺梨挥发油的化学成分十分复杂，除含有大量的酯、醇、烷烃、甾体以外，还含有少量的有机酸、烯、萜、VE 等化合物，因而构成其独特的营养食用价值 (吴小琼等，2014)，但关于无籽刺梨的果实成分的全面分析与鉴定研究还有待深入。

表 1-2　普通刺梨与无籽刺梨果实的营养性状对比

名称	VC /(mg/100g)	VE /(mg/100g)	VB$_2$ /(mg/100g)	可溶性糖 /%	蛋白质 /(mg/100g)	SOD /(U/g)	水分 /%
普通刺梨	2703.75	6.60	0.36	5.09	16.70	183.83	79.40
无籽刺梨	903.00	4.30	0.51	10.23	18.15	157.30	75.30

数据来源：吴洪娥等，2014。

表 1-3　不同产地无籽刺梨样品水分、总糖及 VC 的差异

指标	普定化处	平坝农场	西秀区邵家庄	西秀区罗仙村	西秀区森林公园
水分/%	74.15	76.94	75.36	72.66	70.38
总糖/(mg/100g)	1536.36	1079.55	831.82	943.12	925.15
VC/(mg/100g)	740.87	951.3	655.65	1246.96	982.61

数据来源：沈昱翔等，2013。

为进一步研究无籽刺梨和普通刺梨果实的植物化学成分特征，采用 GC-MS 和 UFLC/Q-TOF-MS 等技术分析比较了两者甲醇提取物的化学成分。结果显示，GC-MS 共鉴定出 135 种挥发性化合物，普通刺梨和无籽刺梨有 91 种成分不同；采用 UFLC/Q-TOF-MS 共鉴定出 59 种化合物，包括 13 种有机酸、12 种类黄酮、11 种三萜类、9 种氨基酸、5 种苯丙素衍生物、4 种单宁、2 种二苯乙烯、2 种苯甲醛衍生物和 1 种苯甲酸衍生物，并在普通刺梨和无籽刺梨的果实中发现了 9 个特征化合物。该研究在对普通刺梨和无籽刺梨产品开发起着重要作用(Liu et al.，2016)。Luo 等(2017)从无籽刺梨新鲜果实中分离到一种新的儿茶素衍生物，并对光谱分析和与文献报道进行比较，阐明了其结构。为加快无籽刺梨功能食品开发，He 等(2016)通过 ICP-OES 和 ICP-MS、HPLC-UV 和 LC-MS/MS 等手段分析无籽刺梨和刺梨果实中潜在的功能和生物活性成分，包括无机元素、氨基酸和化学物质，并阐明了其成分的特征。结果表明，两者果实中含有大量的营养成分和生物成分，并表现出抗氧化活性，但果实之间存在显著差异。无籽刺梨和普通刺梨均是具有高附加值和功能性食品潜力的经济果树资源。

1.5　无籽刺梨栽培管理与繁殖技术

由于无籽刺梨自然繁殖较困难，继代繁殖主要是通过扦插和组培等无性繁殖方式。目前无籽刺梨植株栽培的主要育苗方法有大田扦插育苗与营养袋扦插育苗，但存在插穗材料与处理条件的局限，对果树的品质和产量有直接影响。因此，为了获得高品质的无籽刺梨果实，采用组织培养育苗工作十分必要。

在无籽刺梨的生长过程中，白粉病是一种主要的危害，侵害幼叶、果和花蕾，无籽刺

梨对白粉菌免疫性较强(徐强,2011;文晓鹏等,2005),需注意对白粉病的防治,以保证无籽刺梨果树的健康生长。无籽刺梨抗旱、耐贫瘠,适应力较强,在黄壤、石灰土、黄棕壤的石山地、半石山地、河堤、路边、渠沟旁和撂荒地等地均可种植,一般以阳坡生长为宜。而土壤肥沃、阳光充足、灌溉便利的地方可成为优良无籽刺梨种植基地的选址条件,能达到早果、丰产的效果(吴迎福等,2014)。在无籽刺梨开花期间,注重对其抚育管理可促进果实细胞分裂数的增加,对提高果实品质作用明显,如加强肥效与水分管理等。喀斯特地区夏季易受干旱,且特殊地质易造成水分下渗,待到入秋时节降水增多,果实易形成裂果。周启江等(2014)在对无籽刺梨的丰产栽培技术进行了系统研究后,总结出一整套优质无籽刺梨的丰产栽培技术。

　　无籽刺梨繁殖主要采用无性繁殖的方式进行。贵州省毕节市林科所 1988 年在贵州省黔西县进行了扦插繁殖实验,总结出较优的无籽刺梨扦插育苗的方式:3 年以上枝条,采用 200g/m^3 萘乙酸处理 2h,与土壤成 60°斜插,其扦插成活率在 70%以上(彭华昌等,1989)。彭华昌等(1991)认为影响无籽刺梨扦插成活率的主要因子依次为种条年龄、萘乙酸的浓度和扦插方式。适合无籽刺梨扦插的较好基质为透气性较好的沙壤土,扦插最佳深度为 5~6cm,利用 500mg/kg 的 ABT1 号生根粉速蘸处理插穗可获得较好的生根效果,最适扦插月份为 3 月,其次为 10 月(钟漫等,2012)。栽培方法包括以下步骤:选择土层深厚、有机质较好、水源条件方便的土地;采用冬季修剪的健康枝条做插穗资源,种植一年的无籽刺梨果树,基部萌发 4~5 根枝条,长势旺盛,大量枝条可做穗条扦插,对穗条进行剪穗留芽,每穗节两个芽,确保至少一个芽成活,穗节在扦插前配置生根粉50mg/L 溶液浸根,将插穗基部浸入溶液中 5min,浸后放置 4~8h 再扦插;最后出圃移栽。贵州省生物研究所发明了一种无籽刺梨扦插繁殖方法,是由河沙、蛭石、食用菌菌糠作为扦插基质,经插穗制备、田间管理、移栽而得。该方法技术简单、成本较低,无籽刺梨生长迅速、成活率较高,可为无籽刺梨繁殖的规模化、产业化生产提供技术支持(贺红早等,2016)。

　　韦景枫等(2007)通过对无籽刺梨的腋芽离体培养,探索了无籽刺梨腋芽诱导、分化、快速繁殖及生根的最佳条件,筛选出适宜的芽诱导培养基(MS+6-BA1.0mg/L+NAA 0.1mg/L)、芽增殖培养基(MS+6-BA0.5 mg/L+NAA0.1mg/L)和生根培养基(1/2MS+IBA 0.2mg/L),生根率达到 98%。无籽刺梨组培苗移栽条件为:最佳基质为珍珠岩+腐殖土(体积比 1:2),每年 3~4 月,在遮光为 50%、温度约 22℃、相对湿度约 80%的条件下,每隔 7 天喷 1 次 1/4 MS 营养液,其移栽成活率可达 90%以上(韦景枫等,2010)。无籽刺梨外植体的消毒、最佳激素浓度及组合、最佳生根培养基及组培苗的移栽等几个因素对无籽刺梨的移栽后成活率有较大影响(唐军荣等,2015)。在总结无籽刺梨扦插、组织培养的基础上,韦景枫等(2012)系统地进行了无籽刺梨丰产栽培技术的探讨研究,内容包括园地选择、定植、施肥、修剪整形、抚育管理、病虫害防治以及采收干制等,并进行了示范推广,上述研究为当地无籽刺梨的大规模人工种植和开发利用奠定了坚实的理论和技术基础。研究人员还采用同源克隆结合 RACE 技术克隆得到了无籽刺梨 *AGL* 基因的 cDNA 全长,这有助于其无籽调控的分子生物学机理研究(刘松等,2015)。目前仍然缺乏有关无籽刺梨的组织繁育研究的文献，而组织培养工作则是生物工程技术的一个重要环节，对无籽刺梨的人工种植乃至规模化、产业化发展至关重要。

1.6 无籽刺梨病虫害

第三代果树最早均为野生生长，抗病虫能力也较强，危害无籽刺梨的病虫害较少，病虫害主要有白粉病、灰霉病、蚜虫、黑刺粉虱及食心虫等。文晓鹏等(2005)对比研究了 7 个普通刺梨和无籽刺梨的一年生扦插苗为材料的抗白粉病差异后，认为无籽刺梨对白粉病表现出很强的抗性。程友忠(2015)研究得出白粉病需通过抚育管理并辅以药剂防治，一定程度上具有增产的效果。仇智灵(2014)的研究结果显示，灰霉病防治可喷洒 10%多氯霉素 100g，兑水 100~110kg 后喷洒多次。针对蚜虫对无籽刺梨新梢危害的解决方法为喷洒 5% 灭蚜粉尘剂 0.8~1.0kg/km^2；黑刺粉虱可用 0.05%水胺硫磷防治，用 2.5%溴氰菊酯 0.017% 药液喷洒，在 7 月上旬~8 月连喷 2 次可以防治食心虫(吴迎福等，2014)。在我国西南部等喀斯特地区，夏季易受干旱，且特殊地质易造成水分下渗，待到入秋时节降水增多，果实易形成裂果(韦景枫等，2012)，开花期间，注重加强肥效与水分管理可促进果实细胞分裂数的增加，对提高果实品质作用明显。无籽刺梨研究亟须选优驯化栽培出性状优良的新品种，为无籽刺梨产业的大规模发展提供种质基础(敖芹等，2010)。

白粉病主要危害无籽刺梨的幼嫩组织(如新梢、嫩叶等)。白粉病的防治方法为：①要搞好果园冬季修剪，清除枯枝落叶、松土除草、消灭越冬病源；②药剂防治，在发病较重地点，喷 70%的甲基托布津可湿性粉剂 0.100%~0.125%药液或 15%的粉锈宁可湿性粉剂 0.067%~0.100%药液，每隔 7~10d 喷 1 次，连喷 3~4 次。

1.7 无籽刺梨的生态治理前景

贵州省地处我国西南部，所属地区为典型喀斯特山区，地形多样，石漠化一直是困扰当地农业及相关产业发展的主要因素之一。无籽刺梨作为一种浅根性果树，侧根极为发达，在土层较薄的地区可以很好地生长，无籽刺梨是治理石漠化的一种优良树种(程友忠，2015)，长期种植无籽刺梨对该地区土壤物理、化学和生物特征均具有改良作用，但由于在喀斯特地区石灰岩基质上发育的土壤，岩体裂隙较发育，养分易流失，特别是磷肥、钾肥或硼肥的普遍缺乏，需根据实际情况，酌情补施肥料(杨皓等，2016)。李婕羚等(2017)结合典型种植区域的地形因素对无籽刺梨对土壤质量的影响做了相关研究，结果表明，有机质和土壤真菌活性是限制该地区土壤质量的关键因素，但还需要根据地形的变化采取一定的管护措施，调控因地形因素产生的土壤质量差异，并结合有效的生态建设工程，充分发挥无籽刺梨在石漠化治理和水土保持中的潜力。郑元等(2013)探讨了影响无籽刺梨光合作用的主要环境因子(包括空气相对湿度、水汽压亏缺、空气温度)，为丰产栽培管理和基地选址提供了一定参考依据。此外，在资源利用和开采等方面还应注意和防治各地重金属的污染状况，其对于无籽刺梨无公害生长基地选址影响较大(Yang et al.，2015)。

无籽刺梨为贵州地区的特有果树，其规模种植尚在起步阶段，当前，贵州喀斯特地区建立了多个示范性的种植基地，如黔西南州的兴仁市，安顺市西秀区、平坝县、普定县、紫云县，毕节市双山新区，贵阳市乌当区、开阳县等。研究人员测定了无籽刺梨的光合生理日变化进程，探讨及明确了影响无籽刺梨光合生理日进程的主要环境因子，研究表明，空气相对湿度、水汽压亏缺、空气温度是影响无籽刺梨光合生理日变化进程的主要环境因子，这为丰产栽培管理和基地选址提供了一定的参考依据。此外，无籽刺梨种源之间的生态习性差异也是需要关注的研究方向，适生区区划研究也亟待开展。

1.8 无籽刺梨的产业化开发与展望

无籽刺梨与普通刺梨的醇提取物的药理作用相似，在抗炎和镇痛方面具有较为相似的药理作用，对巴豆油引起小鼠耳郭肿、角叉菜胶引起的小鼠足肿、冰醋酸引起的小鼠腹膜炎症等均有显著的抗炎作用，并有一定的镇痛作用，对小鼠由环磷酰胺引起的白细胞和淋巴细胞总数降低有明显的增加作用(时京珍等，1996)。无籽刺梨挥发油含有丰富的化学成分，具有独特的营养价值(姜永新等，2013；吴小琼等，2014)。其果实中含有丰富的总糖和抗坏血酸，故无籽刺梨内在品质指标是其果实品质提升的关键性指标(李婕羚等，2017；沈昱翔等，2013)。

随着对无籽刺梨研究的不断深入，对药用价值和保健价值的发掘越来越受到人们的重视。在无籽刺梨果品开发领域，多家企业研发了无籽刺梨茶的制备方法，长期饮用具有增强机体对传染病的抵抗力。贵州省生物研究所公开了无籽刺梨果酒与发酵果酒的制作方法，酒醇而爽口，诸香协调，口感细腻，回味绵长，既有无籽刺梨的独特风味，又有果酒的醇香厚重感。此外，还有诸如刺梨干、刺梨速溶冲剂、饮料和咀嚼片等产品的发明。在医药和保健品领域，多家科研机构开发了软胶囊类、富含维生素 B 与维生素 C 的保健品和营养保健果蔬粉的加工方法，但基于医学与保健品的市场开发还稍显滞后。无籽刺梨果实富含维生素 C、维生素 E、维生素 B_1、维生素 B_2 等和钙、铁、锌、硒、钼等微量元素，叶酸、单宁等含量也较高，还含有大量的纤维素和多种人体必需的氨基酸，并且含有对付白血病的天门冬氨酸。此外，无籽刺梨植物还可以作为提取化妆品的原材料，其市场发展前景非常广阔。

无籽刺梨作为缫丝花的近缘物种，其发展规划可借鉴普通刺梨的研究和开发利用成果。目前，普通刺梨产业在贵州省的带动下已在全国多个省份蓬勃发展，国内普通刺梨在药剂、酿酒、果脯、果酱、酸乳、原汁和复合饮料等加工领域的研究已取得了可观的成绩(唐玲等，2013)。因此，建议未来无籽刺梨食品产业基于成熟的普通刺梨产业模式，在各地区栽培种植的基础上，建立原料基地、良种苗圃、母树园，并根据无籽刺梨产业发展的需求，进一步扩大无籽刺梨的种植面积，相继进行无籽刺梨果汁、果酒、果酱等保健食品，其他保健系列产品,无籽刺梨复合饮料产品,无籽刺梨 SOD 系列产品以及无籽刺梨相关加工技术装备的研制与开发(郑元等,2013)。

　　近年来出现的有关无籽刺梨的标准专利和科技成果较多,主要涉及无籽刺梨的继代繁殖、种植管理、无籽刺梨医药、保健品、生物有效成分以及无籽刺梨干、果酒、茶、速溶冲剂等无籽刺梨果品的开发,从种植到产品开发都有涉及,为无籽刺梨产业结构优化、资源合理配置提供科技支撑。

　　目前普通刺梨已形成较成熟的产业模式,而无籽刺梨的产业发展可借鉴普通刺梨的研究和开发利用成果,"企业+基地+农户"的模式有利于无籽刺梨种植的区域化和生产的标准化。这种模式克服了农户分散、零散种植与自产自销的落后的小农经营所带来的风险,形成了规模种植,适应现代经济作物种植的产业化要求,也顺应商品现代化的发展需求。无籽刺梨的产业化发展不仅将产生巨大的经济效益与社会效益,还将在石漠化治理方面产生不可估量的生态效益。

　　由于无籽刺梨规模种植时间较短,基础理论研究远远不能支撑无籽刺梨的产业化进程和市场化开发,而且无籽刺梨尚未进入《中国药典》与《中国植物志》,种植配套技术也有待规范,这些因素制约了无籽刺梨产业的发展,仍有以下很多方面的研究亟待开展。

　　(1)无籽刺梨果实的品质现状研究。由于果实大小略小于普通刺梨,且 VC 含量也相对较低,无籽刺梨可能源于缫丝花的高度雄性不育变异,花药干瘪,无花粉,无法进行实生繁殖且野生资源稀少,缺少遗传多样性和选育基础(曹庆芹等,2005)。目前栽培的无籽刺梨种苗为无性繁殖,大量多代无性繁殖可能还会面临品质退化风险,况且当前对于无籽刺梨化学成分的全面分析还有待深入。长期以来,对无籽刺梨这一第三代水果的研究和开发缺乏重视,其瓶颈问题在于对果实乃至植株整体的深加工开发。因此,应查明目前不同地区无籽刺梨果实的品质现状,加快其化学成分与保健疗效全面分析,揭示果实品质形成的机理,全面开展其质量控制研究,建立无籽刺梨的果实品质性状表达谱和代谢组谱,构建果实品质基础数据库,为无籽刺梨品种选育与产品开发提供理论参考。在分子生物学研究方面,近年来建立了 DNA、RNA 提取方法并成功克隆了其他水果的功能基因,建立了植物再生和转基因体系,这对于无籽刺梨的研究具有很好的借鉴意义。

　　(2)不同地区无籽刺梨生态适宜性研究。无籽刺梨属于浅根类果树,为贵州省的特有果树。由于贵州省是我国唯一没有平原支撑的省份,其喀斯特地貌发育,具有山地较多、土层薄瘠、立体气候显著、散射光多等特点,无籽刺梨的种植除了考虑其经济价值与社会价值以外,还应考虑其生态价值,发挥其在水土保持与遏制石漠化加剧的作用。针对当前无籽刺梨在各地的种植情况,应开展不同地区气候条件与土壤条件对无籽刺梨的生态适应性研究,注重研究无籽刺梨恢复生态的状态与机理,确定最适当地的无籽刺梨种植基地的营造方式、合理的结构及配置模式,使贵州的无籽刺梨资源优势转变为改善生态与提高经济价值服务。同时,生态适宜性研究也可为无籽刺梨种植基地的选址、人工栽培和果品开发提供科学依据。

　　(3)无籽刺梨标准化的种植技术体系研究。目前对于种植技术的研究尚处于初始阶段,但其种植技术的提高是无籽刺梨种植基地提高单位面积生产效益的关键，因此，针对无籽刺梨标准化的种植技术体系研究，可建立优质、高效的无籽刺梨种植基地，构建标准化的种植技术体系推广与示范。此外，还应对无籽刺梨规模化与工厂化育苗技术、果园管理、施肥技术以及化控机理等方面进行深入、系统地研究，以实现种植标准化和产业化。同时，在以后种植技术的研究中需要更加关注无籽刺梨的小气候环境对其产量和品质的影响，这对于制定无籽刺梨相关丰产栽培技术规程方面有着重要的意义。

(4) 无籽刺梨的产业化研究。无籽刺梨的根、茎、叶和果富含营养和药用成分以及多种生物活性物质，特别是其果实可被广泛应用于保健、食品、饮料、化妆品等领域。通过对无籽刺梨的综合开发和利用，可以生产出多种天然绿色的产品供应市场，拉动无籽刺梨种植区经济发展。

随着果品加工企业不断寻找新产品开发，消费者不断寻求能满足更高要求的水果，第三代水果的发展将成为我国经果林产业结构调整的一个催化剂，所以无籽刺梨一旦形成产业链，将具有巨大的市场潜力。

参 考 文 献

安明态，程友忠，钟漫，等，2019. 贵州蔷薇属—新变种——光枝无子刺梨[J]. 种子，28(1)：63.

敖芹，谷晓平，孟维亮，2010. 贵州刺梨研究进展[J]. 耕作与栽培，6：1-4.

曹庆芹，伊华林，邓秀新，2005. 果树雄性不育研究进展[J]. 果树学报，22(6)：678-681.

陈兴银，石建明，杨鹏，等，2017. 无籽刺梨及其近缘种 ITS 序列分析[J]. 江苏农业科学，45(17)：42-46.

程友忠，2015. 石漠化地区无籽刺梨栽培技术[J]. 现代农业科技，5：116-117.

邓亨宁，高信芬，李先源，等，2015. 无籽刺梨杂交起源：来自分子数据的证据[J]. 植物资源与环境学报，24(4)：10-17.

付慧晓，王道平，黄丽荣，等，2012. 刺梨和无籽刺梨挥发性香气成分分析[J]. 精细化工，29(9)：875-878.

甘露，陈刚才，万国江，2001. 贵州喀斯特山区农业生态环境的脆弱性及可持续发展对策[J]. 山地学报，19(2)：130-134.

贺红早，张玉武，李青，等，2016. 二种外生菌根菌对无籽刺梨扦插繁殖的影响[J]. 贵州科学，34(1)：25-28.

季祥彪，李淑久，1998. 贵州 4 种刺梨的比较形态解剖学研究[J]. 山地农业生物学报，1(1)：28-33.

姜永新，高健，赵平，等，2013. 无子刺梨新鲜果实挥发性成分的 GC-MS 分析[J]. 食品研究与开发，34(14)：91-94.

李旦，周安佩，张德国，等，2015. 基于 AFLP 分子标记和 DNA 条形码对无籽刺梨的鉴定[J]. 林业科学研究，28(1)：116-121.

李婕羚，李朝婵，胡继伟，等，2017. 典型喀斯特山区无籽刺梨基地土壤质量评价[J]. 水土保持研究，24(1)：54-60.

林源，唐军荣，张颖，等，2015. 无籽刺梨染色体制片技术及染色体数目研究[J]. 中国南方果树，44(1)：76-79.

刘松，赵德刚，2014. 无籽刺梨 (Rosa kweichonensis var. sterilis) 研究进展[J]. 山地农业生物学报，33(1)：76-80.

刘松，赵德刚，2015. 无籽刺梨 (Rosa kweichonensis var. sterilis) RksAGL 基因克隆及表达分析[J]. 基因组学与应用生物学，34(3)：579-586.

龙健，李娟，江新荣，等，2006. 喀斯特石漠化地区不同恢复和重建措施对土壤质量的影响[J]. 应用生态学报，17(4)：4615-4619.

彭华昌，1991. 毕节地区刺梨资源调查简报[J]. 资源开发与保护，1：27.

彭华昌，王秉正，赖上斌，等，1989. 无籽刺梨扦插育苗初报[J]. 贵州林业科技，4：98-99.

彭华昌，王秉正，赖上斌，等，1991. 无籽刺梨扦插繁殖技术[J]. 经济林研究，1：95.

仇智灵，2014. 蓝莓灰霉病发生规律及其防治技术[J]. 中国南方果树，43（1）：90.

沈昱翔，彭珊，熊果，2013. 安顺市金刺梨的成分差异探究[J]. 安顺学院学报，15（4）：120-123.

时京珍，陈秀芬，彭冬，1996. 两种刺梨对小鼠炎症等的比较研究[J]. 贵州医药，5：268-269.

时圣德，1985. 贵州蔷薇属新分类群[J]. 贵州科学，1：8-9.

苏维词，2000. 贵州喀斯特山区生态环境脆弱性及其生态整治[J]. 中国环境科学，20（6）：547-551.

苏孝良，2005. 贵州喀斯特石漠化与生态环境治理[J]. 地球与环境，33（4）：24-32.

唐军荣，郑元，张亚威，等，2015. 无籽刺梨离体快繁技术研究[J]. 云南农业大学学报，30（1）：70-75.

唐玲，陈月荣，王电，等，2013. 刺梨产品研究现状和发展前景[J]. 食品工业，1：175-178.

王金乐，2008. 贵州喀斯特石漠化地区荒地土壤理化性质及环境效应研究[D]. 贵阳：贵州大学.

韦景枫，程友忠，蒙先举，等，2012b. 无籽刺梨生物学特性观察[J]. 中国林副特产，6：27-30.

韦景枫，陶文丞，张声涛，等，2007. 无籽刺梨组培快繁技术研究[J]. 黑龙江生态工程职业学院学报，20（5）：24-25.

韦景枫，钟漫，程友忠，等，2010. 无籽刺梨试管苗移栽及其影响因素的探讨[J]. 中国林副特产，1：30-31.

韦景枫，钟漫，程友忠，等，2012a. 安顺金刺梨丰产栽培技术初探[J]. 贵州林业科技，40（1）：30-32.

文晓鹏，曹庆琴，邓秀新，2005. 不同刺梨基因型对白粉病的抗性鉴定[J]. 果树学报，22（6）：722-724.

吴洪娥，金平，周艳，等，2014. 刺梨与无籽刺梨的果实特性及其主要营养成分差异[J]. 贵州农业科学，42（8）：221-223.

吴小琼，罗会，金吉林，等，2014. 超临界 CO_2 萃取无籽刺梨挥发油及 GC-MS 分析[J]. 中国实验方剂学杂志，20（10）：98-101.

吴迎福，王亚蓉，2014. 无籽刺梨育苗与栽培[J]. 林业实用技术，2：21-24.

徐强，2007. 刺梨（Rosa roxburghii Tratt）抗白粉病的分子机制[D]. 武汉：华中农业大学.

杨皓，范明毅，李婕羚，等，2016. 喀斯特山区无籽刺梨种植基地土壤酶活性与肥力因子的关系[J]. 山地学报，34（1）：28-37.

杨康兴，2012. 无籽刺梨与有籽刺梨苗木的鉴别方法[J]. 科学种养，1：23.

郑元，辛培尧，高健，等，2013. 无籽刺梨的研究与应用现状及展望[J]. 贵州林业科技，41（2）：62-64.

钟漫，韦景枫，程友忠，等，2012. 安顺金刺梨扦插育苗技术研究[J]. 贵州林业科技，40（2）：42-45.

周启江，樊旭，2014. 贵州优质无子刺梨栽培技术[J]. 现代农业科技，16：78，80.

HE J Y, ZHANG Y H, MA N, et al., 2016. Comparative analysis of multiple ingredients in Rosa roxburghii, and R. sterilis, fruits and their antioxidant activities[J]. Journal of Functional Foods, 27：29-41.

LI J L, QUAN W X, LI C C, et al., 2018. Effects of ecological factors on content of flavonoids in rosa sterilis from different karst areas of Guizhou, SW China[J]. Pakistan Journal of Botany, 50（3）：1125-1133.

LI Y, SHAO J, YANG H, et al., 2009. The relations between land use and karst rocky desertification in a typical karst area, China[J]. Environmental Geology, 57（3）：621-627.

LIANG G Y, GRAY A I, WATERMAN P G, 1989. Pentacyclic triterpenes from the fruits of Rosa sterilis[J]. Journal of Natural Products, 52（1）：162-166.

LIU M H, ZHANG Q, ZHANG Y H, et al., 2016. Chemical analysis of dietary constituents in Rosa roxburghii and Rosa sterilis Fruits. [J]. Molecules（Basel, Switzerland），21（9）：1204.

LUO X L, DAN H L, LI N, et al., 2017. A new catechin derivative from the fruits of Rosa sterilis S. D. Shi[J]. Natural product research, 31（19）：2239-2244.

WEN X P，DENG X J，2003. Characterization of genotypes and genetic relationship of cili（Rosa roxburghii）and its relatives using RAPD markers[J]. Journal of Agricultural Biotechnology，11（6）：605-611.

YANG H，HU J W，HUANG X F，et al.，2015. Risk assessment of heavy metals pollution for Rosa sterilis and soil from planting bases located in karst areas of Guizhou province[J]. Applied Mechanics and Materials，700：475-481.

第2章 贵州无籽刺梨资源分布

无籽刺梨是贵州的特有种质资源，其果实可以作为水果食用，含有黄酮等有效成分。无籽刺梨是一种具有显著地域性特征，同时又具有生态价值的药食两用植物资源，探明其植物资源现状是无籽刺梨产业化开发利用的基础，结合当地环境、生态特征以及利用现状等对无籽刺梨植物资源进行研究是无籽刺梨产业化的需求。

由于贵州气候条件有明显的地区差异，需进一步展开资源分布状况调查。资源调查的内容包括无籽刺梨的种植范围、种植面积、生长环境、农艺性状、生产和利用情况等，为贵州无籽刺梨的资源分布情况提供了数据支撑和科学依据。

2.1 贵州无籽刺梨主要资源分布区

无籽刺梨的分布现状与自然条件(气候、土壤等)、人类活动(社会生产、经济等)等因素密切相关。研究无籽刺梨分布的自然条件和人类活动，对调查无籽刺梨的分布状况和分布规律有重要意义。由于过去并未对无籽刺梨进行系统地专门地种质资源调查，因此本章节调查可填补贵州省无籽刺梨资源方面的一些空白。

贵州地处云贵高原，位于东经 103°36′～109°35′、北纬 24°37′～29°13′，东靠湖南，南邻广西，西毗云南，北连四川和重庆，东西长约 595km，南北相距约 509km。全省总面积 176167km^2，占全国总面积的 1.8%。贵州为无籽刺梨原产省，地貌属于中国西部高原山地，境内地势西高东低，自中部向北、东、南三面倾斜，平均海拔在 1100m 左右。贵州高原山地居多，素有"八山一水一分田"之说。全省地貌可概括分为高原山地、丘陵和盆地三种基本类型，其中 92.5%的面积为山地和丘陵。贵州岩溶地貌发育非常典型。喀斯特出露面积达 109084 km^2，占全省总面积的 61.9 %，境内岩溶分布范围广泛，形态类型齐全，地域分异明显，构成一种特殊的岩溶生态系统。

贵州的气候温暖湿润，属亚热带湿润季风气候区。气温变化小，冬暖夏凉，气候宜人。2002 年，贵阳市年平均气温为 14.8℃，比上年提高 0.3℃。从全省看，通常最冷月为 1 月，平均气温多为 3～6℃，比同纬度其他地区高；最热月为 7 月，平均气温一般为 22～25℃，为典型夏凉地区。降水较多，雨季明显，阴天多，日照少。2002 年，9 个市州地所在城市中，降水量最多的是兴义市，为 1480mm；最少的是毕节市，为 687.9mm。受季风影响，降水多集中于夏季。境内各地阴天日数一般超过 150d，常年相对湿度在 70 以上。受大气环流及地形等影响，贵州气候呈多样性，"一山分四季，十里不同天"。另外，气候不稳

定，灾害性天气种类较多，干旱、秋风、凌冻、冰雹等频度大，对农业生产危害严重。贵州土壤的地带性属中亚热带常绿阔叶林红壤-黄壤地带。中部及东部广大地区为湿润性常绿阔叶林带，以黄壤为主；西南部为偏干性常绿阔叶林带，以红壤为主；西北部为具北亚热成分的常绿阔叶林带，多为黄棕壤。

　　贵州省无籽刺梨资源主要分布于黔中和黔西南地区，黔中地区主要包括贵阳市及周边的下坝镇、禾丰乡、省植物园，安顺市的石厂镇、宁谷镇、鸡场乡、龙宫镇、七眼桥镇、双堡镇、夏云镇、旧州镇、马官镇等；黔西南州地区主要包括兴仁市的回龙镇、雨樟镇等。随着无籽刺梨的广泛栽培，种植密集程度发生了变化，种植规模最大的成片区由无籽刺梨发源地黔西南州兴仁市转变为黔中地区的安顺市(图 2-1)。

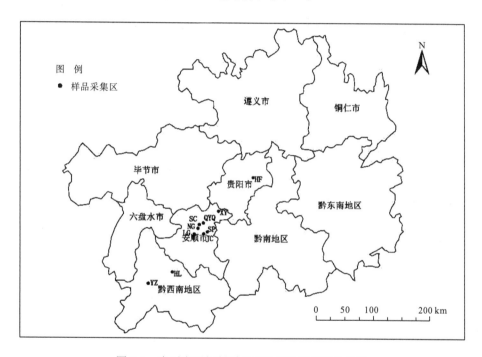

图 2-1　贵州省无籽刺梨主要种植地的资源分布图

　　蔷薇属，一个极其复杂的类群，大约有 150～200 种，广泛分布于北半球的温带和亚热带地区，个别种类分布到热带(Fougère-Danezan et al.，2015；Gu et al.，2003)。该属中众多物种作为观赏植物长期以来受到大家的喜爱，而蔷薇属中真正能用于生产推广的品种经专家评审有 8 个品系，果实可供使用或加工的有 7 种，经济价值较高的有 3 种，分别为刺梨、金樱子和无籽刺梨。其中无籽刺梨为贵州特有种，以贵州省内的资源储量最为集中、产量最大，分布数量和果实产量也居全国首位。现已有湖南、江西、广西、河南、陕西、山西、山东、安徽、江苏、湖北、四川、重庆、云南等省区引种试栽。

2.2 无籽刺梨资源蕴藏量

无籽刺梨资源蕴藏量采用公式"蕴藏量=单位面积产量×总分布面积"来计算(赵润怀等，1995)，但由于无籽刺梨果树挂果不均，准确估计单位面积产量和总分布面积较困难。为了有效获取无籽刺梨蕴藏量数据，采用以下措施来提高计算结果的可靠性：①大范围、有针对性地设置调查样地，并以主产区为重点；②增加样方数量；③参考文献的数据；④收集地方政府、地方商户和收购商的统计数据。对多种来源的数据信息进行统计分析，甄别权重，以实地考察数据为主，参考走访调查的数据进行修正，从而较为准确地反应无籽刺梨资源蕴藏量。根据蕴藏量计算方法，统计各地区无籽刺梨蕴藏量详见表2-1，最后估计全省无籽刺梨蕴藏总量。

表2-1 贵州省各种植地区无籽刺梨蕴藏量

分布区		单位面积蕴藏量/(kg/m^2)	大致分布面积/m^2	蕴藏量/kg
贵阳市及周边	下坝	1.56	40×10^5	625.00×10^4
	禾丰	2.19	56×10^5	1225.00×10^4
	植物园	1.06	2×10^5	21.25×10^4
黔西南地区	回龙	0.75	67×10^5	502.50×10^4
	雨樟	2.00	200×10^5	4000.00×10^4
	石厂	1.56	20×10^5	312.50×10^4
	宁谷	0.63	70×10^5	437.50×10^4
	鸡场	2.19	96×10^5	2100.00×10^4
	龙宫	2.19	55×10^5	1203.125×10^4
安顺市及周边	七眼桥	1.13	40×10^5	450.00×10^4
	双堡	1.88	90×10^5	1687.50×10^4
	夏云	0.94	40×10^5	375.00×10^4
	旧州	2.06	53×10^5	1093.125×10^4
	马官	1.88	75×10^5	1406.25×10^4

注：单位面积蕴藏量通过样方数量统计获得。

统计结果显示，黔中地区平均单位面积蕴藏量为 1.61kg/m^2，大致分布面积有 637×10^5m^2，总蕴藏量 1093.625×10^5kg；黔西南地区平均单位面积蕴藏量为1.375kg/m^2，大致分布面积有 267×10^5m^2，总蕴藏量 4502.5×10^4kg。根据各地区蕴藏量统计结果，估算贵州省无籽刺梨蕴藏量约为 1543.875×10^5kg，其中黔西南地区的雨樟镇蕴藏量最大；黔中地区安顺市蕴藏量较大，如双堡镇、马官镇、鸡场乡等；贵阳市的禾丰乡蕴藏量也较为可观。

2.3　种植基地生态环境与分布特征

无籽刺梨各种植区主要为高原型亚热带气候，冬无寒冬，夏无酷暑。据中国岩溶地貌图集(刘明光，2010)，研究区属于岩溶山地与丘陵地区，贵阳市及周边的基岩属于白云岩，安顺市和黔西南地区兴义市的基岩属于石灰岩与白云岩的过渡层，主要土壤类型包括黄壤、红壤等，主要以黄壤为主。无籽刺梨主要生长在土层较薄的山坡、植被覆盖较低石漠化山区、弃耕的撂荒地等地区，无籽刺梨的生长区域常伴生有适宜当地生态环境的优势植物。因其在省内分布范围较大，种植地区地形复杂多样，具有降水分布不一、局地温度随海拔变化差异较大的特点，由于气候复杂、土壤类型多样、管理方式不同等因素，无籽刺梨中群特征存在明显差异。在调查的 14 个种植地区，共测算了 140 个样方中无籽刺梨的农艺性状，包括株高、地茎、盖度、主要伴生植物等数据。详情见表 2-2。

表 2-2　贵州省无籽刺梨种植区的种群特征

调查地区	样方数	株高/cm	地茎/cm	密度/(株/m²)	盖度	主要伴生植物
下坝	10	118.91	5.49	0.06	2.58	薄荷、野蒜、灰菜等
禾丰	10	167.45	6.88	0.06	5.6	灰菜、杂草等
回龙	10	92.27	4.85	0.06	2.86	人工种植烟草
雨樟	10	166.36	6.48	0.06	5.05	杂草等
石厂	10	138.64	7.19	0.06	3.74	无伴生植物
宁谷	10	71.82	3.98	0.06	1.37	杂草、其他灌木植物
鸡场	10	173.00	9.31	0.06	8.14	无伴生植物
龙宫	10	132.27	7.56	0.06	5.62	猪草、其他农作物
七眼桥	10	67.91	5.13	0.06	3.32	斛树、茅草等
双堡	10	95.82	7.11	0.06	7.89	无伴生植物
夏云	10	81.36	4.58	0.06	3.58	杂草等
植物园	10	79.09	6.67	0.06	4.54	杂草等
旧州	10	97.36	6.37	0.06	3.87	无伴生植物
马官	10	92.20	7.60	0.06	6.33	无伴生植物

根据文献记载及调查发现，早期无籽刺梨为野生种质资源，为兴仁市回龙镇当地及周边村民等所食用，主要用作开胃水果等。近 10 多年来贵州大开发、农村体制改革以及农民耕地砍伐，许多野生资源可能已被破坏(林源等，2015)。现无籽刺梨主要种植基地基本情况见表 2-3。自发现无籽刺梨以来，有识之士鉴于喀斯特石漠化地区生态环境保育的迫切性及特有品种的有效开发利用，对无籽刺梨种质资源、遗传特性、亲缘关系等进行了较为翔实的研究，并积极在实验室开发繁殖和栽种的技术措施。特别是在管理和栽培方式上有了很大的进步。经过近 30 年的努力，无籽刺梨被大面积种植和推广，管理逐步走向精

细化。由表 2-3 无籽刺梨销售方式可以看出，无籽刺梨主要以零售和批发为主，其中零售包括网络销售、市售和游客购买三种渠道；批发主要用于加工果脯类产品、茶类产品、保健产品的制作、护肤品的制作等方面。果实及有用部位逐渐被发现并投入到产品开发中，例如医疗药物、保健药物、保健食品、可挥发芳香物的研究、美容产品等。

表 2-3　贵州省无籽刺梨种植地基本情况

调查样地	管理方式	栽培方式	生长年限/a	株高/cm	地茎/cm	单位面积产量/(kg/m²)	种植面积/m²	单果重/g	销售方式
下坝	精细	扦插	7	118.91	5.49	1.56	4000000	4.74	网络、市售鲜果为主
禾丰	精细	扦插-移栽	8	167.45	6.88	2.19	5600000	9.67	30%鲜果零售、70%批发加工
回龙	粗放	扦插-移栽	6	92.27	4.85	0.75	6700000	4.53	无销售
雨樟	精细	扦插-移栽	6	166.36	6.48	2.00	20000000	9.38	50%鲜果销售
石厂	精细	扦插-移栽	9	138.64	7.19	1.56	2000000	9.06	游客购买为主
宁谷	粗放	扦插-移栽	5	71.82	3.98	0.63	7000000	4.85	无销售
鸡场	精细	扦插-移栽	10	173.00	9.31	2.19	9600000	10.51	鲜果销售
龙宫	精细	扦插-移栽	7	132.27	7.56	2.19	5500000	10.70	鲜果销售、游客购买
七眼桥	粗放	扦插-移栽	6	67.91	5.13	1.13	4000000	4.61	鲜果销售
双堡	精细	扦插-移栽	8	95.82	7.11	1.88	9000000	7.95	鲜果销售
夏云	精细	扦插-移栽	5	81.36	4.58	0.94	4000000	4.24	无销售
植物园	精细	扦插	6	79.09	6.67	1.06	200000	5.07	无销售
旧州	精细	扦插-移栽	9	97.36	6.37	2.06	5300000	7.10	40%鲜果零售(网络+市售)、60%加工
马官	精细	扦插-移栽	9	92.20	7.60	1.88	7500000	9.18	50%鲜果销售(网络+市售)、50%加工

根据 2004 年美国食品药品监督管理局(Food and Drug Administration，FDA)所公布的《植物药生产指南》(*Guidance for Industry Botanical Drug Products*)，植物药用价值的开发利用备受瞩目。植物药与西药相比对人体产生的副作用较小，且具有疗效独特、研发费用少、研发时间短等优势，植物药的研发已经成为许多国家的药物主流。近年来，无籽刺梨产业开发发展迅速，果实中 VC、生物活性成分 SOD 和黄酮类化合物等药用和食用价值不断被发掘，用于药品和保健品的开发。

2.4　无籽刺梨造林与管护

无籽刺梨对环境条件要求不严，但以年平均气温 9～16℃，极端最低温度-2～-25℃，有霜期 150d 以下，海拔 600m 以上，年降水量 800mm 以上的地区种植为宜。无籽刺梨对土壤的适应性比较广泛，但因其为灌木类果树，且抗旱力较强，应选择肥沃、保水力强的土壤较为适宜。无籽刺梨为喜光果树，要求光照充足，在山地建园时应选择南向坡为佳。经果林设计在25°以上坡耕地上，选择土层较厚，土壤较为肥沃的地块布置，各项条件满足建园要求。

2.4.1　造林密度

为提早结果和提高单位面积产量，应实行矮化密植栽培，并选用扦插苗，提早丰产。种植后 2～3 年即可挂果，4～5 年进入丰产期。造林密度为 4m×5m 栽植较为合适。苗木要求为一年生(两年根、一年树)苗，质量达到一级苗标准。

2.4.2　种植要求

种植时间以冬季种植最为适宜，选择在阴雨天进行。采用定植坑整地，在栽植前先挖定植坑(长、宽、深各 80cm)(图 2-2)分层压入有机肥、磷肥、泥土，然后栽于定植坑上，浇足定根水，并用杂草覆盖树盘以利成活。

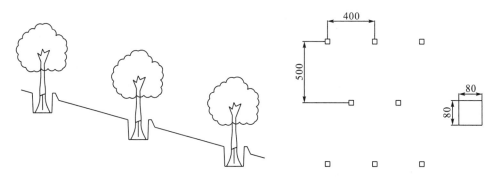

图 2-2　坡地无籽刺梨造林行间距示意图(单位：cm)

2.4.3　运行保障

1)土壤管理

耕作无籽刺梨园进行深耕压绿或压入有机肥是提早幼树结果和大树丰产的有效措施，深耕时期在春、夏、秋三季均可进行，春季于萌芽前进行，夏、秋两季在雨后进行，并结合施肥将杂草埋入土内。应从定植穴处逐年向外进行深耕，深度以 60～80 cm 为宜，但须防止损伤直径 1cm 以上的粗根。无籽刺梨树生长较快，行间土地可间作豆科作物或绿肥。成年果园每年 4～9 月用除草剂除草 2～3 次，于秋冬中耕一次。

2)肥水管理

　　氮和钾是无籽刺梨的主要组成元素，而氮多于钾，增施氮肥能显著提高产量和品质。在缺磷和钙的土壤中也必须补充磷和钙，同时还要增施有机肥。幼树施肥应采取薄施、勤施的原则，定植当年至发芽后开始追肥，每月 1 次，至 9 月底施基肥，第 2～4 年，每年于 3 月、6 月、8 月、10 月共施肥 4 次即可。成年树每年施基肥 1 次，追肥 2 次即可。基肥于秋季采果后结合土壤深耕时施用(9～10 月)，亩施有机肥 5000kg，磷肥 50kg，草木灰 100kg，尿素 15kg。追肥共施 2 次，第一次追肥于发芽前施用，亩施清粪水 1500kg，尿素 20kg。第二次追肥于 6～7 月施用，以利于增加果重和促进花芽分化，可亩施清粪水 2500kg，尿素 30kg，硫酸钾 20kg，过磷酸钙 20kg。

2.4.4　整形修剪

　　无籽刺梨是小灌木，顶端优势较弱，枝梢从树冠中下部抽生。若任其自然生长，将会导致植株下坠，匍匐生长。若修剪过重，又会减少枝梢数量，不能丰产。无籽刺梨的适宜树形是近于自然丛生状的灌木形，要求枝梢自下而上斜生，充分布满空间，相互不交错或过密，使内部通风透光，树冠呈圆头形。

　　无籽刺梨修剪时期以落叶后的冬季修剪为主，辅之以生长期的适量疏剪。落叶后疏剪枯枝、病枝、过密枝和纤弱枝，尽量多留健壮的 1～2 年生枝作为结果母枝；短截衰老的多年生枝，促使其基部萌发抽生强枝并成为新结果母枝。自树冠基部抽生的强旺枝要尽量保留，作为老结果母枝的更新枝。树冠中上部已呈衰弱的结果母枝要逐步剪去，以新结果母枝来代替。修剪量不可过多，尽量保留较多枝梢，使树冠圆满紧凑而又不过分密集，以达到丰产。

2.4.5　土、肥、水管理

　　(1)耕作和除草。新定植后的无籽刺梨，由于根系尚在恢复，吸收能力弱，要勤除草，以减少杂草对水、养分的消耗。每次发梢时期都必须进行中耕除草。

　　(2)间作。无籽刺梨当年栽种，第二年就挂果，第四年进入盛果期，无籽刺梨属灌木，不宜间作其他作物。

　　(3)施肥。无籽刺梨对肥、水要求高，即使是土层厚的无籽刺梨，也要加强肥、水管理。要在每年冬季落叶后施基肥一次，在夏和秋梢萌以前各施一次速效性氮肥。施肥时间为冬季落叶施基肥一次，夏和秋梢萌以前各施一次速效性氮肥。施肥方法为环状法，即以树干为中心，沿树冠周围开施肥沟，一般沟深 5～10cm，宽 5～10cm，肥料施放后上面覆土。

　　(4)灌水。无籽刺梨喜湿润，耐涝，灌水是增产的一项有效措施。在生长期间若土壤干旱缺水,则挂果率低,果皮厚,种仁发育不饱满;施肥后如不灌水,也不能充分发挥肥效。因此,在开花、果实迅速增大、施肥后以及冬旱等各个时期,都应及时灌水。

2.4.6 病虫害防治措施

在防治中应贯彻"预防为主、科学防范、依法治理、促进健康"的方针。无籽刺梨的病虫害种类多,常见的病虫害包括白粉病、梨小食心虫和蔷薇白轮蚧,其主要防治方法如下。

(1)白粉病。常在春节危害嫩梢,使新梢生长衰弱,可在早春喷洒 15%的粉锈灵 1000 倍液,共喷 2~3 次。

(2)梨小食心虫。会引起大量落果,受害果不堪食用。可剪去虫枝、烧毁虫果以及在开花前喷洒 1500 倍氧化乐果药液 1~2 次。

(3)蔷薇白轮蚧。在冬前和冬后各施一次波美 5 度的石硫合剂,并在生长期间虫害发生盛期,用 2.5%的溴氰菊酯乳剂 3000 倍液进行喷雾。

(4)枝枯病。加强无籽刺梨园栽培管理,增施肥水,增强树势,提高抗病能力。彻底清除病株、枯死枝、集中烧毁。无籽刺梨剪枝应在展叶后落叶前进行,休眠期间不宜剪枝条,引起伤流而死。冬季或早春树干涂白。涂白剂配制方法为:生石灰 12.5kg,食盐 1.5kg,植物油 0.25kg,硫磺粉 0.5kg,水 50kg,刮除病斑。如发现主干上有病斑,可用利刀刮除病部,并用 1%硫酸铜消毒伤口后,涂刷 40%福美胂可湿性粉剂 30~50 倍液、波美 3~5 度石硫合剂、5%菌毒清水剂 30 倍液涂抹消毒。发芽前可喷波美 3 度石硫合剂、40%福美胂可湿性粉剂 100 倍液。生长季节可喷 50%退菌特可湿性粉剂 800~1000 倍液、70%甲基硫菌灵可湿性粉剂 1000 倍液、45%代森铵水剂 1000 倍液、70%代森锰锌可湿性粉剂 1000~1200 倍液,间隔 10~15d 喷 1 次,共喷 2~3 次,交替使用。

2.5 本章总结

目前,无籽刺梨资源在贵州中部、西南部石漠化地区得到了大力推广,生长状况较好。同时,邻近省份的引种种植也取得成功。该经果林亩产较高,不同的管护管理方式对产量的影响较大。在资源推广方面,亟须总结和繁殖技术,以进一步推进良种选育和就地推广工作。

参 考 文 献

林源, 唐军荣, 张颖, 等, 2015. 无籽刺梨染色体制片技术及染色体数目研究[J]. 中国南方果树, 44(1): 76-79.

刘明光, 2010. 中国自然地理图集[M]. 北京: 中国地图出版社.

赵润怀，张惠源，陶陶，等，1995. 中国常用中药材的资源蕴藏量和产量[J]. 中国中药杂志，20(12)：712-715.

GU C，ROBERTSON K R，2003. Rosa L. In：Team FoCe，ed. Flora of China. St. Louis，MO：Missouri Botanical Garden Press.

FOUGÈRE-DANEZAN M, JOLY S, BRUNEAU A, et al., 2015. Phylogeny and biogeography of wild roses with specific attention to polyploids[J]. Annals of Botany，115：275-291.

第3章 贵州无籽刺梨无性繁殖技术

无籽刺梨具有较高的药用、保健、观光等经济和生态价值。因其雄性败育，故其自然繁殖较困难。近年来，随着人们对无籽刺梨产业的日益重视，无籽刺梨苗木的需求量越来越大，甚至出现了供不应求的问题。因此，需要在短期内迅速扩繁无籽刺梨苗木，以供生产所需。以带有叶腋的无籽刺梨嫩茎为材料，诱导出腋芽，再通过腋芽增殖扩增腋芽，建立起了无籽刺梨离体快繁体系(唐军荣等，2015；韦景枫等，2007)。然而，该技术在诱导初期，需要大量的嫩茎材料，才能实现大规模的扩繁。为给无籽刺梨的迅速扩繁及其遗传改良提供理论依据及实践指导，以无籽刺梨叶片为外植体，待其分化愈伤组织后，再进行增殖和生根培养，继而对其组培苗进行移栽炼苗，最终建立无籽刺梨叶片的组织培养技术体系。

植物扦插技术广泛地应用于农林生产，是无性繁殖的重要手段。但长期以来，由于技术的限制，其应用范围仅局限于容易扦插生根的植物，操作也较简单。近年来，由于植物优良无性系繁殖技术的兴起，扦插在林业和花卉生产上的应用日益广泛；加之植物激素的广泛应用，使扦插的种类越来越多，过去认为难以扦插生根的植物，现在也成为可能，过去认为不必要扦插繁殖的植物，现在却成为必需，这些引起了植物学界的高度重视。Hartman 等(1994)认为宜采用软枝和半硬枝两种类型插穗扦插，被柔软皮和有肉质软木的为软枝，有部分成熟的枝条为半硬枝。当种子供不应求或无法使用时，无性繁殖方法往往是最好的保持母株性状的方式，困难的是要插穗生根发芽或无菌环境控制(Shi et al.，2006)。Leakey(2004)认为许多因素决定是否有一个良好的生理条件的繁殖，每个因素本身是多方面的，受周围环境如光的质量和数量、水、温度、营养物质等的影响。Anegbeh 等(2007)通过嫩枝扦插研究认为生根能力基本上取决于基因型。植物扦插生根不仅受到自身遗传特性的影响，同时受到外界环境条件的制约。

1934 年发现的 IAA、IBA 对植物插条生根的效应为间接研究插条的生理生化机理提供了有力的手段，并取得了一定的成果。植物生长调节剂的选择应用是提高植物扦插成活率的关键技术之一(潘瑞炽和李玲，1999；Jarvis，1986)。植物扦插技术是涉及多因子的综合复杂的系统工程，应用植物生长调节剂可有效使难生根树种生根(Henrique et al.，2006)。采用 KIBA 处理落羽杉插穗取得了较好的生根质量和生根率(King et al.，2011)，但是在柳杉扦插生根时，IBA 对其嫩枝扦插没有作用(Jull et al.，1994)。在植物扦插过程中其他使用的生根剂主要有 NAA、Hormodin、Dip'N Grow、BAP、ABT、壳聚糖、蔗糖等。胡炳荣等(2000)研究认为，NAA、IBA、ABT 生根粉对促进赤柏松扦插生根效果明显，其中 ABT 生根粉效果最好，以 100 mg/L 浓度处理后，生根率可达 60%。辐射松不定根根发起于切割处产生的愈伤组织(Cameron，1968)。银中杨用 ABT 生根粉浸泡插穗 2h 后用 100mg/L NAA 或 IBA 浸泡根部 24h，可促进生根(王福森等，2001)。综上认为，目前国内外针对植物的扦插应用比较广泛，但主要集中在外源激素的使用上，比如 ABT、IAA、IBA、NAA，也有采用壳聚糖处理插穗取得显著效果的。还有对其扦插外部综合因素研究的，比如光的质量和数量、水、温度、营养物质、插穗年龄、插穗部位等。本章节将从扦插繁殖和组织培养两个方面总结无籽刺梨的繁育技术，以期为无籽刺梨的规模化推广种植提供良种壮苗。

3.1　无籽刺梨扦插繁育技术

扦插技术广泛地应用于农林生产，是无性繁殖的重要手段。但长期以来，由于技术的限制，其应用范围局限于容易扦插生根的植物，操作也较简单。扦插繁殖是利用植物细胞的全能性，依靠母体植株上切离下来的根、茎、叶等营养体，在一定的条件下重新发育为一棵完整的新植株。因具有繁殖速度快、成本低、开花早和保持原品种优良性状等优点，扦插繁殖技术是目前林业、园艺植物生产上应用最广泛的繁殖方法。

实验材料采于贵阳市乌当区的 5 年以上的无籽刺梨茎段。对无籽刺梨扦插采用的外源激素主要有以下几种，详见表 3-1。

表 3-1　无籽刺梨扦插外源激素及浓度

激素名称	激素浓度/(mg/L)
KNAA(萘乙酸钾盐)	1000、3000
Hormodin(荷尔蒙顿)	#1、#2(1000、3000)

注：Hormodin #1、#2 为已配置好浓度的粉状固体。

室内扦插地点为贵州师范大学自动喷雾实验室。扦插基质采用"园土+珍珠岩(1：3)"，将插穗置入穴盘，处理后的插穗穴盘浇透水后，放在温室带有间隙喷雾的苗床上。间隙喷雾的时间在扦插前 2 周为 20s/10 min，2 周后为 20s/30 min，以后根据具体情况调整喷雾的间隔，使湿度保持在 90%以上。

从母树的阳面剪下生长健壮、无病虫害的枝条，当即用湿布包好受伤部位，带回实验室后及时把采回的枝条剪成 5～10 cm 的插穗，每插穗保留 2～3 片叶，将留下的叶片剪掉 2/3，以减少植物组织水分的蒸腾。然后用枝剪以适当的力度轻敲枝条基部的 1/3 处，以利于插条产生愈伤并更好地吸收外源激素，从而提高生根率。每个试验处理 64 根插穗，4 个重复。不同插穗处理方法在每个重复中是完全随机的，4 个重复的穴盘也被完全随机地放在 4 个不同的苗床上。各处理的立地、管理方法相同。每天做好观察并记录插穗的生根情况，室外扦插最终的生根结果统计在扦插 30d 后进行。一年后苗长至 80cm 时，在造林季节的阴天即可将无籽刺梨扦插繁殖苗起苗，然后移栽于造林。

3.1.1　无籽刺梨不同季节大棚扦插

无籽刺梨扦插繁殖，在室外大棚设施内一年四季均可进行。适宜的扦插季节因自身特性、扦插方法和生长调节剂的处理等因素而不同。一般春插是利用前一年生休眠枝直接进行扦插，又称硬枝扦插。夏季扦插是利用当年旺盛生长的半木质化枝条进行扦插。秋季扦插是利用发育充实、营养物质丰富、其枝条内抑制物质含量未达到最高峰，可促进愈伤组织提早形成，有利于生根。冬季扦插是利用打破休眠的休眠枝进行扦插。陶仕珍等(2016)的研究认为虽然在一年中的春、夏、秋三个季节都可以扦插无籽刺梨，但成活率最高的时期还是在早春，采用生根粉处理成活率可达 97%，春末和夏季成活率相对较低，秋季又有所提高，为 90%。

3.1.2　无籽刺梨不同基质扦插

扦插主要受基质理化性质的影响，其中基质的通气性和保水性是主要的影响因素。本研究采用六种基质：腐殖土、珍珠岩、"珍珠岩＋腐殖土(1∶1)""珍珠岩＋腐殖土(2∶1)""珍珠岩＋腐殖土(3∶1)""珍珠岩＋腐殖土(4∶1)"。腐殖土含丰富的腐殖质，蓄含氧分，通气性好，保水性好，呈酸性和微酸性，但这种基质收缩较快，在扦插后期，插穗在盆中就会松动。珍珠岩有利于增加基质的透气性，具有保温作用。这些基质单独使用会有某方面的缺失，混合使用可以互相弥补，改善生根环境，从而使扦插更有成效。无籽刺梨的根系生长需要土壤有良好的通透性和保水性，如果生长环境不合适，不定根的发育缓慢。扦插基质要求具有良好的通气性、保水性、排水性且无病菌感染。

从表 3-2 可以看出，无籽刺梨在"基质珍珠岩＋腐殖土(3∶1)"扦插效果最好，和其他基质均未生根相比，其生根率达到 92.7%。所以基质对无籽刺梨扦插生根的影响较大，"珍珠岩＋腐殖土(3∶1)"混合使用，腐质土能解决养分问题，珍珠岩能发挥保水和保温的作用，所以扦插生根效果能明显提高。

表 3-2　不同基质无籽刺梨扦插生根率

处理	基质种类	生根率/%
1	腐殖土	75.0
2	珍珠岩	80.0
3	珍珠岩＋腐殖土(1∶1)	83.6
4	珍珠岩＋腐殖土(2∶1)	89.4
5	珍珠岩＋腐殖土(3∶1)	92.7
6	珍珠岩＋腐殖土(4∶1)	88.4

3.1.3　不同激素处理对无籽刺梨扦插生根的影响

　　扦插基质采用"泥炭土+珍珠岩（1∶3）"，将插穗置入穴盘，处理后的插穗穴盘浇透水后，放在温室带有间隙喷雾的苗床上。间隙喷雾的时间扦插前 2 周为 20s/10min，2 周后为 20s/30min，以后根据具体情况调整喷雾的时间间隔和长度，使湿度保持在 90%以上。不同激素处理的无籽刺梨半硬枝扦插生根状况见图 3-1。"3000mg·L^{-1}KNAA+Hormodin＃2"混合处理生根率最高，处理后的插穗生根率达到 93.2%，平均不定根数为 35.6 根，生根效果最好（表 3-3）。

图 3-1　无籽刺梨扦插生根状况

表 3-3　不同激素处理对无籽刺梨生根状况的影响

激素处理	平均生根数	生根率/%
Hormodin＃1（powder）	14.5	78.4
Hormodin＃2（powder）	14.1	76.6
1000 mg·L^{-1}KNAA（liquid）	21.2	78.1
3000 mg·L^{-1}KNAA（liquid）	22.5	81.3
1000 mg·L^{-1}KNAA（liquid）+Hormodin＃1（powder）	21.6	81.8
1000 mg·L^{-1}KNAA（liquid）+Hormodin＃2（powder）	27.1	83.6
3000 mg·L^{-1}KNAA（liquid）+Hormodin＃1（powder）	28.5	87.7
3000 mg·L^{-1}KNAA（liquid）+Hormodin＃2（powder）	35.6	93.2
对照	13.9	77.4

3.1.4　营养袋对无籽刺梨扦插生根的影响

插穗剪成 8～10cm 长度，插穗上端为平口，下端为斜口，保留 1～2 叶，50 条一捆，保持下端平整。营养袋的规格 10cm×12cm，袋底中央剪直径为 1cm 的小孔以利排水。装满红黄壤土，每个营养袋放 1 个插穗，行距以营养袋的排放为准，插穗长度的 1/3 插入土壤中，插后立即浇透水。每天早、晚在插床内喷水 1 次，保证空气相对湿度达到 85%～90%。棚内温度保持在 20～25℃，插床视干湿情况 1 周左右浇 1 次水。

扦插后的主要管理任务是通过调节光照、通风量和喷水控制环境温湿度及土壤温湿度。营养袋扦插育苗是繁殖最快、移栽成活率最高的育苗方式(王强等，2011；吴奇镇，2003)。无籽刺梨采用营养袋法 20d 左右开始生根，其中扦插生根率平均为 95%，略高于露天扦插(图 3-2)。苗期及时清除杂草，避免其与苗争夺养分、影响光照和通风。移栽前要揭膜放风，7～10d 炼苗结束后可出圃定植。

图 3-2　无籽刺梨营养袋扦插效果

3.1.5　菌根技术在无籽刺梨扦插中的应用

通过专利技术——一种鸡油菌液体菌种的制备方法(专利号：ZL201210095414.8)和一种紫色马勃液体菌种的制作方法(专利号：201410082596.4)所生产的两种外生菌根菌菌种，应用到无籽刺梨的扦插繁殖中。通过比较无籽刺梨扦插成活率、株高生长及生物量等指标，分析外生菌根真菌在无籽刺梨扦插繁殖中的应用效果，为无籽刺梨产业化发展及喀斯特环境治理提供理论基础和技术支持。

1. 材料与方法

扦插基质制备过程为：在覆盖遮阳网的 240m² 标准大棚中将河沙 2～3 份、蛭石 2～3 份、食用菌菌渣 4～6 份、外生菌根菌菌种 0～100g 混匀(表 3-4)，pH 控制在 5.5～6.5，平铺于长 0.5m、宽 0.3m、高 0.1m 的木箱中备用。

表 3-4　试验因素水平

处理水平	因素	
	A：鸡油菌液体菌种/g	B：紫色马勃液体菌种/g
1	0	0
2	50	50
3	100	0
4	0	100

插穗制备于春季萌芽前(1 月)，采集 1 年生无籽刺梨硬技，切成 50～80mm 的小段，浸入 800～1000mg/kg 的 ABT 生根粉溶液 30s，然后轻轻插入基质 20～30mm，株距 100～150mm，行距 200～250mm，浇足定根水。

扦插方法如下：

(1)环境条件控制。扦插完成后，将大棚温度控制在 20～25℃，湿度控制在 65%～75%；60d 后，将遮阳网揭开，并使大棚通风排气。

(2)浇水。前期 2d 浇水一次，新叶萌发后 7d 浇水一次。

(3)施肥。扦插 30d 后，每个大棚施复合肥 3kg，方法为将 3kg 复合肥溶于 100kg 水中，浇在插穗基部；60d 后，将遮阳网揭开，每个大棚施肥 6kg，方法为将 3kg 复合肥溶于 100kg 水中，浇在插穗基部。

(4)除草。除草的原则为"除早、除小、除了"。

(5)成活率。株高及生物量测定。于扦插完成后 2 个月开始(2014 年 2 月、4 月、6 月、8 月、10 月、12 月)分别测定无籽刺梨扦插成活率、株高生长，扦插完成后 1.5 年测定扦插成活后无籽刺梨生物量(根、茎、枝、叶等部位)。

2. 无籽刺梨扦插成活率

于扦插完成后的 2 个月，即 2 月、4 月、6 月、8 月、10 月、12 月开始测定无籽刺梨扦插成活率(表 3-5)，处理水平 1(鸡油菌液体菌种 0g，紫色马勃液体菌种 0g) 2 个月后扦插成活率为 98%，10 个月后成活率趋于稳定，为 73%；处理水平 2(鸡油菌液体菌种 50g，紫色马勃液体菌种 50g) 2 个月后扦插成活率为 100%，且出芽整齐，4 个月后成活率为 96%，10 个月后成活率为 90%，开始趋于稳定，没有死亡株产生；处理水平 3(鸡油菌液体菌种 100g) 2 个月成活率为 99%，4～10 个月间略有死亡株产生，10 个月后成活率为 82%，开始趋于稳定；处理水平 4(紫色马勃液体菌种 100g) 2 个月成活率为 99%，4～10 个月间略有死亡株产生，10 个月后成活率为 80%，开始趋于稳定。从表 3-5 可以看出，2 个月和 4 个月内各处理间无差异，6 个月后处理水平 1 成活率下降较大，处理水平 3 和处理水平 4 有较小降幅，处理水平 2 降幅较小，处理水平 2 与其他处理间差异显著，各处理在 10 个月后成活率均处于稳定，其中处理水平 2 成活率较高(90%)，处理水平 3 次之(82%)，处理水平 4 为 80%，处理水平 1 成活率最小，为 73%，说明经外生菌根菌处理的插穗，其成活率明显优于未处理，在处理的插穗中，处理水平 2 强于其他两个处理，两种外生菌根菌相互协调，共同促进无籽刺梨的扦插成活率。

表 3-5　无籽刺梨扦插成活率

处理水平	扦插成活率/%					
	2 月	4 月	6 月	8 月	10 月	12 月
1	98a	94a	83c	78c	73c	73c
2	100a	96a	95a	93a	90a	90a
3	99a	95a	92b	86b	82b	82b
4	99a	95a	90b	85b	80b	80b

注：不同小写字母表示差异性（One-Way ANOVAs：$P < 0.05$）（下同）。

3. 无籽刺梨扦插苗的株高生长

扦插完成后的 2 个月，即 2 月、4 月、6 月、8 月、10 月、12 月开始测定无籽刺梨株高生长。由表 3-6 可知，扦插完成后的第 6 个月无籽刺梨株高开始生长，处理水平 1 株高为 100mm，处理水平 2 株高为 200mm，处理水平 3 株高 170mm，处理水平 4 株高 180mm，处理水平 2 株高为处理水平 1 株高的 2 倍；8 个月后，处理水平 1 株高 330mm，处理水平 2 株高为 540mm，处理水平 3 株高为 460mm，处理水平 4 株高为 420mm；10 个月后，处理水平 1 株高 590mm，处理水平 2 株高为 860mm，处理水平 3 株高为 780mm，处理水平 4 株高为 750mm；10～12 月进入休眠期，株高生长停止。处理水平 2 株高生长最快，与其他处理差异明显；处理水平 3 和处理水平 4 株高生长次之，两个处理间差异不明显；处理水平 1 株高生长较慢。综上，外生菌根菌处理对无籽刺梨株高生长具有明显促进作用。

表 3-6　无籽刺梨扦插株高生长

处理水平	株高生长/mm					
	2 月	4 月	6 月	8 月	10 月	12 月
1	50a	50a	100c	330c	590c	590c
2	50a	50a	200a	540a	860a	860a
3	50a	50a	170b	460b	780b	780b
4	50a	50a	180ab	420b	750b	750b

4. 无籽刺梨扦插苗的生物量

扦插完成后 1.5 年分别对扦插成活的无籽刺梨根、茎、枝、叶等部位生物量进行测定。表 3-7 结果表明，处理水平 2 生物量总计为 868g，处理水平 4 次之（661g），处理水平 3 为 634g，处理水平 1 为 479g，处理水平 2 生物量差不多为处理水平 1 生物量的 2 倍，各处理间差异显著。从表 3-7 可以看出，处理水平 2 的根、茎、枝、叶生物量分别为 56g、

479g、198g、135g，均比其他处理生物量高，处理水平 2 能很好地促进无籽刺梨根的分化与生长，从而促进植株整体的生长，因而表现出较高的生物量积累。

表 3-7　无籽刺梨扦插生物量

处理水平	生物量/g				
	根	茎	枝	叶	合计
1	25c	246d	132d	76d	479d
2	56a	479a	198a	135a	868a
3	43b	343c	154b	94c	634c
4	46b	365b	147c	103b	661b

扦插完成后 2 个月开始分别测定无籽刺梨扦插成活率、株高生长，扦插完成后 1.5 年（次年 6 月）测定扦插成活后无籽刺梨生物量（根、茎、枝、叶等部位）。处理水平 2（鸡油菌液体菌种 50g，紫色马勃液体菌种 50g）成活率较高（90%），处理水平 3（鸡油菌液体菌种 100g）次之（82%），处理水平 4（紫色马勃液体菌种 100g）为 80%，处理水平 1 成活率最小，为 73%；处理水平 1 株高 590mm，处理水平 2 株高为 860mm，处理水平 3 株高为 780mm，处理水平 4 株高为 750mm；处理水平 2 生物量总计为 868g，处理水平 4 次之（661g），处理水平 3 为 634g，处理水平 1 为 479g。说明经外生菌根菌处理的插穗，其扦插成活率、株高生长、生物量明显优于未处理，在处理的插穗中，处理水平 2 强于其他两个处理，两种外生菌根菌相互协调，共同促进无籽刺梨的扦插后的生长与发育。

用方法制作的无籽刺梨苗插穗生根只需 8～10d，比传统方法提前 2～3d；生长迅速，扦插 1 年后苗高可达 80～100cm，比传统方法增加 20～30cm；本发明中使用食用菌废弃物-菌糠作为扦插基质，可使生产成本降低 30%；繁殖材料来源广、可靠；造林后成活率可达 95%以上，比传统方法提高 5%～10%。

3.1.6　小结

无籽刺梨枝条进行扦插，时间在秋冬季较好，插穗用 Hormodin（主要成分为 IBA）处理生根效果好，而且用混合处理 KNAA 液体和 Hormodin 固体粉末方法效果最好，生根率最高、根的质量最好。"3000 mg·L^{-1}KNAA+Hormodin＃2"处理无籽刺梨插穗的生根效果最好。插穗木质化程度不同是影响激素浓度选择的一个重要因素，尤其是选择硬枝、半木质化枝条、嫩枝，浓度要逐次降低，具体的浓度还需进一步研究。本试验通过激素的不同组合，尤其是液体和固体粉状激素的混合处理插穗，取得了较好的效果，为无籽刺梨无性繁殖提供了一定的科学依据。

3.2　无籽刺梨组培繁育技术

试管扦插主要针对茎尖培养，这是一种常用的微繁技术，是一种特殊的枝插或叶插，即用茎尖和叶片碎片或胚等器官培养，这种扦插用的基质是培养基，因此实际上是器官培养。如茎尖培养是一项最常用的快繁技术(Srivatanakul et al.，2000；Javed et al.，1996)，通常诱导出不定根，发育成幼小植株即达到目的。试管扦插培养过程中，不定根的发生常为内起源，与木本软枝扦插相似，先产生愈伤组织，再由愈伤组织发生不定根，但多数情况下发生了愈伤组织后就很难发生不定根。有研究认为，植物生根需要组织内乙烯量达到一个最低值，如乙烯量在某一阈值内时，植物生根不受影响；若在各种因素影响下(如外施乙烯或乙烯抑制剂)使内源乙烯量超过或低于阈值，生根数量和根系的生长速度可能受到抑制(Jusaitis，1986)。也有在培养过程中产生不定芽，特别是在胚培养中(Lopez-Escamilla et al., 2000)，并且不定芽的产生多为外起源。

3.2.1　无籽刺梨茎尖组培扩繁技术

姜丽琼等(2017)以无籽刺梨茎段为外植体，采用组培技术获得成活率达 90%以上。具体方法如下。

外植体为带腋芽的茎段，将枝条剪成 1～2cm 长的小段，保证每一小段至少有 1个腋芽，用洗涤剂浸泡 10min，自来水冲洗 30min。超净工作台内先用 75%酒精浸泡30s，然后转入 0.1%升汞中分别浸泡 3 min39s、4 min15s、4min40s、6min10s，无菌水冲洗 4～5 次，接入诱导培养基中培养。

采用改良 MS 为基本培养基，其中蔗糖 30g/L、琼脂 5g/L，pH 5.6～5.8；设置 6-BA 和 NAA 激素水平分别为(0.2mg/L，0.05mg/L)(0.5mg/L，0.05mg/L)(2.0mg/L，0.2mg/L)(4.0，0.01mg/L)共 4 个处理组合，每个处理接种 10 个芽，重复 3 次。接种后，先放入暗培养间培养 15d，待腋芽萌发后转入光照培养间继续培养，培养温度(25±2)℃，光照强度 1500～2000lx，光照时间 14h/d。40d 后统计诱导率。

采用改良 MS 为基本培养基，其中蔗糖 30g/L、琼脂 5g/L，pH 5.6～5.8；分别添加 6-BA(0.5、1.0、2.0mg/L)和 NAA(0.01、0.05、0.1 mg/L)共 9 个激素处理，初代培养 40d后，待小段茎秆腋芽处发出丛生芽后，将丛生芽截下转入增殖培养基中培养。每个处理接种 10 个芽，重复 3 次。45d 后统计增值率。

当继代苗生长高度为 3～4cm 时，选择苗高 3cm 以上的健壮植株进行生根培养。以改良 1/2MS 为基本培养基，其中蔗糖 20g/L、琼脂 5g/L、活性炭 0.1g/L，pH 5.6～5.8；设激素水平分别为 ABT 生根粉(0.6mg/L、0.8mg/L)和 IBA(0.2mg/L、0.4mg/L、0.6mg/L、0.8mg/L、1.0mg/L)共 10 个处理，每个处理接种 10 株，重复 3 次。暗培养 7d 后，再转入光照培养室培养，20d 后统计生根情况。

取生根情况相对一致的瓶苗，移至自然光较弱处炼苗，并逐渐打开瓶盖；7d 后，洗净根部培养基，将根部浸泡于 0.1%多菌灵 30min 后，用镊子移栽在准备好的育苗盘中，淋透水，盖膜，保持 85%上的湿度，移栽 10d 后，逐渐揭开塑料薄膜至完全过渡到自然条件。炼苗基质为"80%腐殖土+15%珍珠岩+5%河沙"。移栽 45d 后统计成活率。

该方法采用"75%酒精+升汞 4min40s"时，可获得 63.63%无菌株得率，本试验最佳诱导培养基为改良"MS+6-BA4.0mg/L+NAA0.01mg/L"，最佳增殖培养基为改良"MS+6-BA1.0mg/L+NAA0.1mg/L"，最佳生根培养基为改良"1/2MS+IBA0.2mg/L"，采用"80%腐殖土+15%珍珠岩+5%河沙"的炼苗基质，并在前期注意保持炼苗湿度，可以获得无籽刺梨组培苗 90%以上的成活率，取得了较好的效果(图 3-3)。

图 3-3　无籽刺梨茎尖组培效果

李斌等(2016)采用无籽刺梨带叶腋的嫩茎为外植体进行了组培实验。结果表明，外植体经清水冲洗后用 75%的酒精消毒 20 s，以 0.1%的升汞消毒 9min，污染率低至 0；培养基"1/2MS+0.50mg/L TDZ+0.02mg/L 2，4-D+5.0mg/L Ag NO₃"适用于无籽刺梨叶柄的分化培养，分化率为 50.0%；适用于无籽刺梨增殖的培养基为"MS+0.50mg/L 6-BA+0.10mg/L NAA"，增殖倍数达 5.56；在"1/2MS+0.10mg/L IBA+0.20mg/L NAA+0.30g/L"活性炭的培养基上，无籽刺梨的生根率为 92.5%；在腐殖土：红土：珍珠岩=1：1：1 的基质中炼苗，无籽刺梨组培苗的成活率可达 97.2%。

无籽刺梨在组织培养方面的研究较多，但其各自筛选的最佳培养基都不尽相同，这说明无籽刺梨的组织培养可能与材料来源有关。由于不同产地、品种、环境条件下生长的刺梨在生理生化存在差异，可能导致诱导刺梨生长的培养基成分不同。

3.2.2　无籽刺梨叶柄组培扩繁技术

唐军荣等(2015)以无籽刺梨叶柄为外植体，将外植体在洗洁精水中漂洗 3～5min，然后用流水冲洗 30min。在清洗过程中要注意修剪过长或过大的枝条，以方便后续的消毒工作。

分别用 75%的酒精和 0.1%的升汞对预处理过的外植体进行消毒处理，以 75%的酒精消毒处理的时间分别设为 20s 和 30s，以 0.1%的升汞消毒处理的时间分别设为 6min、9min、12min 和 15min。将已消毒处理后的外植体切成长约 2cm、带叶腋的茎段，竖直插于"MS+6-BA 1.0mg/L+NAA 0.1mg/L"的培养基中，附加蔗糖 30.0g/L、琼脂 5.0g/L，其 pH 为 5.8，用以筛选最佳的外植体消毒方法。试验共设 8 个处理，每个处理 20 瓶，每瓶放置外植体 4 枚，每个处理重复 3 次。

不同的消毒处理方法对无籽刺梨外植体消毒效果的影响明显不同。以 0.1%的 $HgCl_2$ 处理 6min、以 75%的乙醇处理 20s，污染率最高为 11.3%，褐化率最低为 0；而以 0.1%的 $HgCl_2$ 处理的时间增加至 9min，污染率和死亡率均最低。随着消毒时间的增加，污染率均为 0，而死亡率和褐化率逐渐升高，当以 0.1%的 $HgCl_2$ 处理 15min、75%的乙醇处理 30s 时，死亡率和褐化率均达到最高，分别为 73.8%和 77.5%。因此，无籽刺梨外植体的最佳消毒处理方法是用 75%的乙醇处理 20 s、以 0.1%的 $HgCl_2$ 处理 9 min。

分化培养：选用叶柄作为诱导材料，将其接种于分化培养基中，暗培养 25d 后再进行光照培养，然后记录不定芽的分化率，以筛选最佳叶柄分化培养基。基本培养基选用 1/2MS，附加"Ag NO_3 5.0mg/L+琼脂 5.0g/L+蔗糖 30.0g/L"，其 pH 为 5.8。以 TDZ 和 2,4-D 为外源激素，其中，TDZ 的浓度分别设为 0.50mg/L、1.00mg/L、1.50mg/L，2,4-D 的浓度分别设为 0.02mg/L、0.05mg/L、0.08mg/L，共计 9 个处理。每处理 20 瓶，每瓶放置叶柄 4 枚，每处理重复 3 次。

当 TDZ 的质量浓度为 0.50mg/L 或 1.00mg/L，2,4-D 的质量浓度为 0.02mg/L 时，叶柄诱导率均最高；当 TDZ 为 0.50mg/L，2,4-D 的质量浓度为 0.08mg/L 时，叶柄诱导率均最低。当 TDZ 的质量浓度相同时，不定芽诱导率随 2,4-D 平均质量浓度的增加而下降；当 2,4-D 的质量浓度保持一致时，随着 TDZ 质量浓度的增加，不定芽诱导率下降。各处理不定芽诱导率之间的差异显著。2,4-D 为影响不定芽诱导的主要因素，因此，无籽刺梨叶柄诱导分化的最佳培养方案为 1 号处理即"1/2MS+0.50mg/L TDZ+0.02mg/L，2,4-D+5.0mg/L Ag NO_3"。按此最佳培养方案分化培养的无籽刺梨生长状态如图 3-4 所示(唐军荣等，2015)。

增殖培养：选用"MS+蔗糖 30.0g/L+琼脂 5.0g/L"的培养基作为基本培养基，其 pH 为 5.8。分别附加 0.10mg/L、0.15mg/L、0.20mg/L 的 NAA 和 0.20mg/L、0.50mg/L、0.80mg/L 的 6-BA，共计 9 个处理。切取分化培养中获得的健壮芽苗进行培养。在不同的增殖培养条件下，无籽刺梨芽的增殖效果不同。在 NAA 质量浓度保持不变的条件下，当 6-BA 的浓度为 0.50 mg/L 时，增殖倍数最高；当 6-BA 的浓度相同时，随着 NAA 浓度的增高，增殖倍数有所降低；而当 NAA 的浓度为 0.10mg/L 时，不定芽普遍增殖较好，但芽均较小，生长较慢，不利于转接培养；当 NAA 的浓度高于 0.10mg/L 时，不定芽生长均较壮；当 6-BA 的浓度为 0.20mg/L 时，不定芽生长均较慢。适宜无籽刺梨增殖培养的培养基为"MS+0.50mg/L 6-BA+0.10mg/L NAA"。

图 3-4　无籽刺梨带叶腋茎段组培效果

生根培养与移栽炼苗：以 1/2MS 为基本培养基，附加蔗糖 30.0g/L、琼脂 5.0g/L，其 pH 为 5.8，分别将不同浓度的 IBA、NAA 两种激素与不同用量的活性炭添加到培养基中进行正交试验。其中，IBA 的浓度分别设为 0.0mg/L、0.1mg/L 和 0.2mg/L，NAA 的浓度分别设为 0.1mg/L、0.2mg/L 和 0.3mg/L，活性炭的添加量分别设为 0.1mg/L、0.2mg/L 和 0.3mg/L。将增殖培养中获得的长约 2cm 的健壮芽苗竖插于培养基中。共计 9 个处理，每个处理 20 瓶，每瓶放置芽苗 4 枚，每处理重复 3 次。室内培养均在温度为 25℃、光照强度为 1200lx、光照周期为 12h/d 的条件下进行。

将生根良好、生长健壮的无籽刺梨组培瓶苗从组织培养室中移至普通实验室或温室大棚内，瓶内炼苗 5 d，然后将瓶盖揭开 1/3 的开度，放置 2d，最后将瓶口完全揭开，放置 1 d（期间应注意组培苗的保湿），然后将生根苗从组培瓶中移栽至"红土：腐殖土：珍珠岩=1：1：1"的基质中，并用小拱棚覆盖，进行炼苗。炼苗过程中，要使基质保证有足够的水分，还要采取一定的遮光措施。

增殖试验过程中发现，长势好、分叶较多、苗高在 3cm 左右，继代数在 6 代以下的单株苗，其增殖能力较强。在 MS 基本培养基中附加 0.50mg/L 的 6-BA 和 0.10mg/L 的 NAA 时，无籽刺梨茎段组培的增殖效果最好（图 3-4）。

韦景枫等（2007）利用"1/2MS+0.2mg/L IBA+20g/L 蔗糖+0.7%琼脂"的培养基诱导的无籽刺梨生根率可达 98%。生根培养试验结果显示，在生根培养基中添加活性炭，能基本抑制愈伤形成，而且根不易断，炼苗成活效果也较好。获得的生根率最高为 92.5%，最佳培养基组合为"1/2MS+0.10mg/L IBA+0.20mg/L NAA+0.30g/L 活性炭"。因此，在无籽刺梨生根培养时，适量添加活性炭对抑制其愈伤组织的产生具有积极作用，并有利于后期的移栽炼苗。已有关于无籽刺梨组织培养的研究报道，均是从嫩茎上叶腋处诱导出腋芽，再对腋芽增殖、继而生根，建立起无籽刺梨离体快繁体系的。虽然这种方法已被广泛应用于木本植物离体快繁体系的建立，但该法在诱导初期，需要大量的嫩茎材料才能实现大规模的扩繁。

无籽刺梨叶柄为外植体，诱导愈伤组织后长出不定芽，诱导初期所需材料可大量获得，可在短期内迅速实现无籽刺梨的工厂化生产。但是，该法也存在初代诱导历时较长的局限性，这一不足之处有待通过改良培养基配方而得到改善，从而提高扩繁效率。

3.2.3　无籽刺梨叶片组培扩繁技术

采用无籽刺梨叶片为外置体，通过愈伤组织再分化和丛生芽增殖建立无籽刺梨的无性系。结果表明：愈伤组织诱导较佳培养基为"WPM+ZT2.0mg/L+NAA1.0mg/L"；丛生芽增殖培养基为"1/2WPM+TDZ0.5mg/L+GA2.0mg/L"；生根培养基为"WPM+NAA2.0mg/L+IBA1.0mg/L+AC0.3%"。

以上培养基均加入 25g/L 蔗糖和 8g/L 琼脂，pH5.2～5.8。培养温度为(25± 1)℃，光照时间 12h/d，光照强度 2000～3000 lx。

将叶片切成 2～3 段，消毒后浅插培育到愈伤组织诱导培养基上。15d 左右，叶片边缘膨大并有大量黄色的愈伤组织生成。愈伤组织在生长一段时间后，变得发黄、暗淡。需要将带愈伤组织的叶片继续转接到愈伤自织诱导培养基上进行继代增殖培养。15 个月后，将愈伤组织接种到丛生芽伸长培养基上，繁殖系数可达到 5.5。培养 20d 后愈伤组织全部分化出丛生芽(图 3-5)。

图 3-5　无籽刺梨叶片愈伤组织诱导产生的芽

将高 3cm 左右的丛生芽苗切成单株后，放到生根培养基上，30d 后开始生根，生根率为 62.5%，60d 后苗高可达到 4～5cm，根数 3～4 条。

本实验首次利用无籽刺梨叶片为外植体进行愈伤组织的诱导及转化，获得了诱导丛生芽和组培苗的合适培养基，为无籽刺梨的大量组织培养奠定技术基础。目前，国内外针对无籽刺梨的离体快繁研究较少，利用无籽刺梨幼嫩茎尖、茎段进行增殖已在进行中。利用无籽刺梨叶片的组织培养研究在国内外尚未见报道，本研究有利于野生无籽刺梨的保护、扩大繁殖和进一步推广应用。

参 考 文 献

胡炳荣，宋秀柏，赵丽毅，2000. 植物激素对赤柏松扦插生根影响的研究[J]. 现代化农业，6：14-15.

姜丽琼，李文俊，肖前刚，等，2017. 无籽刺梨的组培快繁技术研究[J]. 林业科技通讯，4：33-36.

李斌，林源，唐军荣，等，2016. 无籽刺梨的组织培养研究[J]. 经济林研究，34(03)：142-147.

潘瑞炽，李玲，1999. 植物生长发育的化学控制(第2版)[M]. 广州：广东高等教育出版社：40-45，59.

唐军荣，郑元，张亚威，等，2015. 无籽刺梨离体快繁技术研究[J]. 云南农业大学学报，30(1)：70-75.

陶仕珍，吴兴兴，肖亚琼，等，2016. 无籽刺梨引种扦插育苗技术研究[J]. 现代农业科技，22：129-130.

王福森，许成启，温宝阳，等，2001. 银中杨扦插生根机理及无性繁殖技术研究[J]. 林业科技通讯，7：5-8.

王强，李伦刚，刘乐，等，2011. 营养袋和NAA浓度处理对耐寒巨桉扦插生根的影响[J]. 现代园艺，10：3-5.

韦景枫，陶文丞，张声涛，等，2007. 无籽刺梨组培快繁技术研究[J]. 黑龙江生态工程职业学院学报，20(5)：24-25.

吴奇镇，2003. 马尾松营养袋扦插繁殖及造林效果研究[J]. 林业科技开发，1：23-25.

ANEGBEH P O，TCHOUNDJEU Z，SIMONS A J，et al.，2007. Domestication of Allanblackia floribunda：vegetative propagation by leafy stem cuttings in the Niger delta region of Nigeria[J]. Acta Agronomica Nigeriana，7(1)：11-16.

CAMERON R J，1968. The propagation of Pinus radiata by cuttings. Influences affecting the rooting of cuttings[J]. New Zealand Journal of Forestry，13(1)：78-79.

HARTMAN B H，KESTER D E，DAVIES F T JR，1994. Plant Propagation：Principles and Techniques[M]. Prentice Hall，New Jersey，USA：170-288.

HENRIQUE A，CAMPINHOUS E N，ONO E O，et al.，2006. Effect of plant growth regulators in the rooting of pinus cuttings[J]. Brazilian Archives of Biology and Technology，49(2)：189-196.

JARVIS B C，1986. Endogenous control of adventitious rooting in nonwoody cuttings[A]. New root for mation in plants and cutting(ed. by Jackson，M.B.)，Springer，Dordreht：191-222.

JAVED M A，HASSAN S，NAZIR S，1996. In vitro propagation of (Bougainvillea spectabilis) through shoot apex culture[J]. Pakistan Journal of Botany，28：207-211.

JULL L G，WARREN S L，BLAZICH F A，1994. Rooting 'Yoshino' cryptomeria stem cuttings as influenced by growth stage，branch order，and IBA treatment[J]. Hortscience，29(12)：1532-1535.

JUSAITIS M，1986. Rooting response of mung bean cuttings to 1-aminocyclopropane-1-carboxylic acid and inhibitors of ethylene biosynthesis[J]. Sci Hort，29：77-85.

KING A R，ARNOLD M A，WELSH D F，et al.，2011. Substrates，wounding，and growth regulator concentrations alter adventitious rooting of baldcypress cuttings[J]. Hortscience，46(10)：1387-1393.

LEAKEY R R B，2004. Physiology of vegetative reproduction[J]. Encyclopaedia of Forest Sciences. Academic Press，London，UK：1655-1668.

LOPEZ-ESCAMILLA A L，OLGUIN-SANTOS L P，MARQUEZ J，et al.，2000. Adventitious bud formation from mature embryos of Picea chihuahuana Martínez，an endangered Mexican spruce tree[J]. Annals of Botany，86(5)：921-927.

SHI X，BREWBAKER J L，2006. Vegetative propagation of Leucaena Hybrids by cuttings[J]. Agroforestry Systems，66(1)：77-83.

SRIVATANAKUL M, PARK S H, SANDERS J R, et al., 2000. Multiple shoot regeneration of kenaf（Hibiscus cannabinus L.）from a shoot apex culture system[J]. Plant Cell Rep，19：1165-1170.

第 4 章　贵州无籽刺梨基地土壤状况

　　贵州喀斯特山区是我国水土流失以及石漠化较为严重的地区，水土流失面积高达 40% 以上，石漠化面积高达 73.8% 以上(苏孝良，2005)。改善区域生态环境的首要任务就是要了解当地的土壤环境状况，土壤质量评价是喀斯特地区土地资源可持续利用与管理的重要内容，直接关系到土壤承载力和环境恢复力(许明祥等，2005)。各种植地区在长期种植无籽刺梨过程中，生态环境和单位面积土地的经济效益得到明显的提升。已有研究表明，喀斯特石漠化地区土地利用方式和人为生产经营活动方式及干扰程度对石漠化土壤质量的恢复和重建有明显影响(邓家富，2014；刘云慧等，2008；许明祥，2005；龙健等，2005)。目前，关于喀斯特地区土壤质量研究主要集中于喀斯特坡地石漠化以及水分变异规律(张志才等，2008；周梦维等，2007)和土地利用方式对土壤养分影响的研究(杨珊等，2010；段正锋等，2009；刘涛泽等，2009；李新爱等，2006)。对喀斯特无籽刺梨种植基地土壤质量的研究主要集中在土壤重金属评价(Yang et al.，2014)，土壤有机质、氮、磷、钾等的评价(杨皓等，2015a)，土壤有效养分(杨皓等，2015b)以及土壤酶与养分之间的关系(Li et al.，2016；杨皓等，2016)研究，选取的评价方法较为简单、因子较为单一。已有研究表明，土壤质量响应于内外因的综合影响(贡璐等，2012)，喀斯特高原地区地貌类型多样，土壤生态环境本身十分脆弱，石漠化呈不断发展的态势，对石漠化的防护和控制一直是喀斯特地区生态环境研究的热点、难点。土壤质量是土壤肥力质量、环境质量和健康质量的综合度量，是维持土壤生产力和环境净化能力，保障动植物健康能力的集中体现(郑昭佩等，2003)。

　　最小数据集(minimal data set，MDS)是可以反映土壤质量最小的指标参数的集合，是国内外学者在土壤质量评价及监测工作中广泛应用的土壤质量评价参数选取方法(D'Hose et al.，2014；Liu et al.，2014；刘金山等，2012；Govaerts et al.，2006)。目前该方法已被广泛应用于不同气候区、不同土壤类型以及不同轮作类型的农田土壤肥力质量评价(D'Hose et al.，2014；Liu et al.，2012；Govaerts et al.，2006)。国外研究人员以土壤容重、土壤有机碳含量、土壤 pH、渗透性、速效氮、速效磷、土壤团聚性等为指标研究土壤质量，研究表明，这些指标足够灵敏地反映土壤质量的变化(Boehm et al.，1997)。以贵州省内 11 个不同无籽刺梨种植基地为研究对象，从土壤物理指标和化学指标等方面选取候选指标，结合模糊数学的方法，引入 Norm 值以避免仅用因子载荷作为唯一选择标准而导致的部分因子被忽略的缺点(李桂林等，2007)，构建研究区土壤肥力评价的 MDS。该研究有利于掌握贵州主要无籽刺梨种植基地土壤肥力现状，科学地筛选出无籽刺梨种植基地土壤肥力评价的关键性指标，是对喀斯特土壤生态应用研究的补充，为喀斯特山区石漠化治理和水土保持提供科学依据。

农药残留(pesticide residues)，是农药使用后一个时期内没有被分解而残留于生物体、收获物、土农药残留壤、水体、大气中的微量农药原体、有毒代谢物、降解物和杂质的总称。有机氯农药污染会破坏土壤功能，通过挥发、扩散、质流转移至大气、残留农药直接通过植物果实或水、大气到达人、畜体内，或通过环境、食物链最终传递给人、畜。对人类健康和自然环境危害极大，如有机氯农药在自然环境中滞留时间长，极难降解，毒性极强；被生物体摄入后不易分解，并沿着食物链浓缩放大，对人类和动物危害巨大，如造成慢性中毒、影响内分泌系统、影响生殖能力等(戴树桂，2006；Moreno et al.，2001)。在国际首批受控的 12 种持久性有机污染物中有 9 种属于有机氯农药，即艾氏剂、狄氏剂、异狄氏剂、滴滴涕(DDTs)、氯丹、六六六(HCHs)、灭蚁灵、毒杀粉和七氯。从 1970 年代开始，发达国家相继禁止使用有机氯农药。中国从 1983 年开始禁止使用有机氯农药，但是在一些地方的土壤中仍然不同程度地含有有机氯农药(于新民等，2007；龚钟明等，2003；张惠兰等，2001)，可见经过 20 多年的降解，土壤中的残留仍然十分可观(陈瑶，2012)。本章节的研究旨在阐明贵州省无籽刺梨土壤中有机氯农药的残留情况，在喀斯特地区完善无籽刺梨作为食品和药品原材料质量控制体系，为喀斯特地区现代农业的发展和构建农产品安全体系提供基础资料。

本章分别从土壤肥力和健康状况两个角度评价贵州省内无籽刺梨主要种植地区土壤质量的优劣，在前期对典型无籽刺梨种植基地土壤质量评价研究的基础上，以贵州省内无籽刺梨主要种植地区土壤为研究对象，选取合适的土壤质量指标对其各种植基地土壤肥力质量、环境质量和健康质量进行评价，为后期拟定合理的土地可持续利用措施提供借鉴，以期为无籽刺梨产业健康发展提供参考。

4.1　无籽刺梨种植基地的土壤特性

选择贵州省 11 个无籽刺梨种植区为研究对象，土壤物理指标选取土壤含水量、土壤容重和田间持水量；化学指标选取 pH、有机质、全氮、全钾、全磷、有效磷、水解氮和速效钾。由表 4-1 可知，在土壤物理性质方面，HF、YZ 和 NG 的土壤田间持水量明显高于其他地区，XY、SP 和 XB 土壤容重高于其他产地；在土壤化学性质方面，研究区中的土壤 pH 均值为 5.49~7.12；JC、NG 和 QY 的全氮、全磷、全钾和有机质含量均明显高于其他产地；水解氮以 SP、SC 和 YZ 的含量最高；有效磷以 HF、SC 和 QY 的含量最高；速效钾以 YZ、NG 和 JC 含量最高。各产地间土壤理化性质的差异与地理因素和种植年限密切相关。

所有 PC 的方差贡献率总和比值，数值为 0～1.0；N_i 为各指标隶属度，隶属度函数一般分为升型和降型两种，最小数据集中各指标根据其对土壤质量的正负效应确定相应的函数类型，各指标的最小值和最大值分别为函数的转折点 x_1 和 x_2。

升型隶属函数公式：

$$f(x) = \begin{cases} 0.1 & x \leqslant x_1 \\ 0.9(x - x_1)/(x_2 - x_1) + 0.1 & x_1 < x < x_2 \\ 1.0 & x \geqslant x_2 \end{cases} \tag{4-3}$$

降型隶属函数公式：

$$f(x) = \begin{cases} 0.1 & x \geqslant x_2 \\ 0.9(x_2 - x)/(x_2 - x_1) + 0.1 & x_1 < x < x_2 \\ 1.0 & x \leqslant x_1 \end{cases} \tag{4-4}$$

用拟选取的 11 个指标做因子分析，分析结果显示该数据矩阵为非正定矩阵，因此无法得到 KOM 值和 Bartlett 球形检验。在剔除土壤含水量或田间持水量的情况下，对其余 10 个指标分别做因子分析，结果显示，当剔除土壤田间持水量时 KOM=0.268，sig=0.085，大于 0.05，不适宜做因子分析；当剔除土壤含水量时 KOM 值和 Bartlett 球形检验均符合因子分析要求。因此将土壤含水量指标剔除，定义 X1-X10 依次为土壤容重、土壤田间持水量、pH、全氮、全磷、全钾、有机质、水解氮、有效磷、速效钾，并进行因子分析，检验结果显示，KMO=0.316205，sig=0.019，小于显著水平 0.05，较适合做主成分分析。

主成分分析结果表明，前 4 个主成分特征值均大于 0.85，累计贡献率为 84.38%，根据前述方法将各指标划分为 4 组，研究区的土壤质量评价指标筛选结果为全氮、全磷、有机质、土壤容重、田间持水量、水解氮、pH 和有效磷(表 4-2)。其中全氮、全磷和有机质同属于 PC1，土壤容重和田间持水量同属于 PC2，pH 和有效磷同属于 PC4，相关分析结果显示(表 4-3)，X4 与 X7 显著相关(P<0.01)，X5 与 X4、X7 均无显著相关，由上述指标 Norm 值比较结果可知 NX4>NX7，故 X4、X5 进入 MDS；X1 与 X2 显著相关(P<0.01)，由指标对应 Norm 值比较结果可知 NX1>NX2，故 X1 进入 MDS；X3 与 X9 之间无显著相关关系，故两者均进入 MDS。最终，研究区土壤质量评价 MDS 保留了全氮、全磷、土壤容重、水解氮、pH、有效磷 6 个指标。

表 4-2　土壤因子主成分分析及 Norm 值计算结果

	PC1	PC2	PC3	PC4	分组	Norm 值
合计	3.602	2.617	1.349	0.869	—	—
方差/%	36.024	26.171	13.492	8.693	—	—
累积/%	36.024	62.196	75.688	84.381	—	—
主成分载荷矩阵						
X1	-0.211	-0.926	-0.194	0.039	2	1.57
X2	-0.116	0.827	-0.012	0.481	2	1.43

	PC1	PC2	PC3	PC4	分组	Norm 值
X3	-0.19	0.398	0.665	-0.515	4	1.17
X4	0.895	-0.339	0.158	0.076	1	1.80
X5	0.849	0.323	-0.061	-0.16	1	1.70
X6	0.736	-0.088	0.235	-0.083	1	1.43
X7	0.808	-0.459	0.033	-0.093	1	1.71
X8	0.379	0.217	-0.768	-0.166	3	1.21
X9	0.549	-0.048	0.387	0.535	4	1.24
X10	0.589	0.655	-0.214	-0.103	1	1.56

表 4-3　同一主成分因子中多个高载荷变量因子相关性分析

	X4	X5	X7		X1	X2		X3	X9
X4	1	0.6	0.893**	X1	1	-0.758**	X3	1	-0.002
X5	0.6	1	0.556	X2	-0.758**	1	X9	-0.002	1
X7	0.893**	0.556	1	—	—	—	—	—	—

注：**为在 0.01 水平(双侧)上显著相关。

4.3　无籽刺梨种植基地土壤综合评价

全氮、全磷、土壤容重、水解氮、pH 和有效磷 6 个指标进入 MSD，因各指标的量纲不同，本研究在对各种植地区土壤进行质量评价之前选取隶属度函数对 MDS 中各进行标准化处理。在喀斯特地区，由于特殊的地理环境造成水土流失、石漠化严重，土壤性质对环境的变化较为敏感，土壤养分变异较大，直接影响了土壤的总体质量，淋溶作用较强的地方其盐基性也强，从而影响其 pH，降低土壤质量(张伟等，2007；Dunjo et al.，2003)。因此，上述 6 个指标中，全氮、全磷、土壤容重、水解氮和有效磷属于正效应指标，pH 属于负效应指标。按照各指标分属函数及权重(表 4-4)，结合式(4-4)计算不同无籽刺梨种植区土壤质量评价结果，XB、HF、HL、YZ、SC、NG、JC、LG、QYQ、SP 和 XY 的土壤质量评价分值分别为 0.62 、0.74 、0.80 、0.61 、0.93 、0.84 、0.99 、0.33 、1.33 、0.82 和 0.70(图 4-1)。无籽刺梨不同种植地区土壤质量存在一定的差异，QYQ、JC、SC 土壤质量水平较高；NG、SP、HL、HF、XY 土壤质量处于中等水平；XB、YZ、LG 土壤质量较低，这些地区土壤肥力的排序是：QYQ > JC > SC > NG > SP > HL > HF > XY > XB > YZ > LG。

表 4-4　土壤质量评价指标权重及其隶属函数

指标	权重系数	所属函数	
pH	0.10	$f(x) = \begin{cases} 0.1 \\ 0.9(x_{7.12} - x)/(x_{7.12} - x_{5.49}) + 0.1 \\ 1.0 \end{cases}$	$\begin{aligned} & x \geqslant x_{7.12} \\ & x_{5.49} < x < x_{7.12} \\ & x \leqslant x_{5.49} \end{aligned}$
土壤容重	0.31	$f(x) = \begin{cases} 0.1 \\ 0.9(x - x_{1.11})/(x_{1.51} - x_{1.11}) + 0.1 \\ 1.0 \end{cases}$	$\begin{aligned} & x \leqslant x_{1.11} \\ & x_{1.11} < x < x_{1.51} \\ & x \geqslant x_{1.51} \end{aligned}$
全氮	0.43	$f(x) = \begin{cases} 0.1 \\ 0.9(x - x_{0.58})/(x_{6.79} - x_{0.58}) + 0.1 \\ 1.0 \end{cases}$	$\begin{aligned} & x \leqslant x_{0.58} \\ & x_{0.58} < x < x_{6.79} \\ & x \geqslant x_{6.79} \end{aligned}$
全磷	0.43	$f(x) = \begin{cases} 0.1 \\ 0.9(x - x_{0.11})/(x_{1.08} - x_{0.11}) + 0.1 \\ 1.0 \end{cases}$	$\begin{aligned} & x \leqslant x_{0.11} \\ & x_{0.11} < x < x_{1.08} \\ & x \geqslant x_{1.08} \end{aligned}$
水解氮	0.16	$f(x) = \begin{cases} 0.1 \\ 0.9(x - x_{68.03})/(x_{183.72} - x_{68.03}) + 0.1 \\ 1.0 \end{cases}$	$\begin{aligned} & x \leqslant x_{68.03} \\ & x_{68.03} < x < x_{183.72} \\ & x \geqslant x_{183.72} \end{aligned}$
有效磷	0.10	$f(x) = \begin{cases} 0.1 \\ 0.9(x - x_{2.35})/(x_{33.15} - x_{2.35}) + 0.1 \\ 1.0 \end{cases}$	$\begin{aligned} & x \leqslant x_{2.35} \\ & x_{2.35} < x < x_{33.15} \\ & x \geqslant x_{33.15} \end{aligned}$

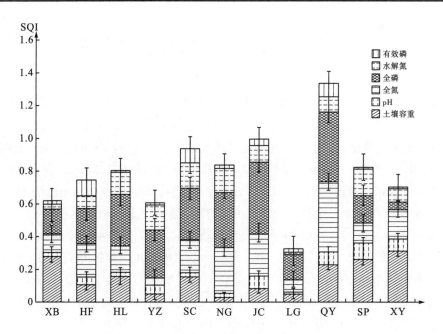

图 4-1　无籽刺梨不同产地土壤质量综合评价

注：误差栏表示标准差。

综合土壤肥力评价方法的建立需遵循客观、合理和科学的要求。选择具有代表性、易测定的土壤容重、含水量、田间持水量作为土壤评价的物理指标；选取土壤 pH、有机质、全磷、全氮、全钾、水解氮、有效磷和速效钾这些对土壤质量、健康以及作物生长影响巨大的化学指标。基于以上指标研究贵州省喀斯特地区无籽刺梨主要种植基地土壤质量之间的差异性，并进行土壤质量评价。通过统计筛选，将"土壤含水量"剔除，提出后检验结果显示，KOM 和 sig 值均符合因子分析要求。通过主成分分系和 Norm 值筛选出贵州喀斯特地区无籽刺梨主要种植地区土壤评价最小数据集的代表性指标，分别为全氮、全磷、土壤容重、水解氮、pH 和有效磷。土壤容重是土壤理化性的重要物理量，它可以反映土壤的孔隙状况及疏松程度。土壤容重的大小对土壤质地、土壤结构及土壤有机质的影响。容重较大时，土壤较为黏重，结构较差，透水、保肥、透气性能较差，土壤水、气、肥和热的比例协调功能较弱，影响养分的有效性，使植物生长受阻（张宝峰，2013；吴思政等，2001）；土壤全氮、水解氮、全磷和有效磷可以反映土壤中氮、磷素的基本状况和有效养分的转化能力；pH 是衡量土壤质量的重要指标。以上 MDS 中包含的指标可以客观、全面的评价土壤质量。由土壤质量评价（soil quality index，SQI）可知各种植地区评价分值和排序分别为 QYQ(1.33) > JC(0.99) > SC(0.93) > NG(0.84) > SP(0.82) > HL(0.80) > HF(0.74) > XY(0.70) > XB(0.62) > YZ(0.61) > LG(0.33)。根据表 4-4，由 MDS 各指标权重结合土壤质量评价结果可知，全磷、全氮和容重是贵州喀斯特无籽刺梨种植主要地区的限制性因素，可能与喀斯特地区土壤较为紧实、磷固定的特性以及土壤 C/N 值不均衡有关。

4.4 基地土壤农药污染状况

对无籽刺梨主要种植地区土壤健康方面的评价主要考虑有机氯农药（organochlorine pesticides，OCP）具有长期残留性、生物蓄积性、半挥发性和高毒性，并且能够在大气环境中长距离迁移等特性（毛海红，2012）。采用气相色谱质谱联用技术对有机氯进行测定（古添发等，2010；高岩等，2009；佟玲等，2009），贵州省 11 个无籽刺梨种植基地土壤中均有有机氯检出，各种植地区检出种类有所差异，主要为六氯苯和 HCHs，HCHs 中的 δ-HCH 未检出，DDTs 均未检出（表 4-5）。因六氯苯没有明确国家标准，以 HCHs 和 DDTs 的标准为参考依据进行评判。各地区检出的 HCHs 各组分含量均远远低于土壤有机氯环境质量评价标准一级标准。

表 4-5　11 个种植地区土壤有机氯农药残留状况　　　　　（单位：mg/kg）

有机氯组分	XB	HF	HL	YZ	SC	NG
六氯苯	0.0000475479	0.0000651266	0.000054201	0.0000644552	0.0000869168	0.0000872831
α-HCH	nd	0.00005854	nd	nd	nd	nd
五氯硝基苯	nd	nd	nd	nd	nd	nd
γ-HCH	nd	0.0000493749	0.000053427	nd	nd	nd

表 4-1 贵州省 11 个无籽刺梨产地的土壤理化特征

产地	土壤容重 /(g/m³)	田间持水量 /%	pH	全氮 /(g/kg¹)	全磷 /(g/kg¹)	全钾 /(g/kg¹)	有机质 /(g/kg¹)	水解氮 /(g/kg¹)	有效磷 /(g/kg¹)	速效钾 /(g/kg¹)
XB	1.47±0.04	30.42±3.03	6.93±0.32	1.70±0.28	0.37±0.07	10.01±1.34	29.87±0.88	83.80±23.05	5.65±0.08	8.93±1.52
HF	1.22±0.04	44.78±4.89	6.49±0.17	3.20±1.67	0.53±0.16	13.86±5.47	31.71±2.57	114.05±55.19	33.15±0.16	13.02±3.29
HL	1.29±0.16	32.57±4.04	6.91±0.38	2.58±0.67	0.78±0.09	8.70±2.46	36.49±4.39	165.88±30.01	2.35±0.09	11.83±0.95
YZ	1.14±0.05	44.40±6.49	6.36±0.12	0.58±0.42	0.75±0.03	0.89±0.12	28.50±2.01	173.35±26.04	3.99±0.03	28.42±0.35
SC	1.29±0.10	30.85±3.63	6.88±0.21	3.11±1.64	0.78±0.52	13.50±1.66	35.34±1.74	183.22±64.95	26.61±0.52	20.41±3.79
NG	1.11±0.07	41.23±4.37	6.87±0.05	4.40±0.85	0.84±0.44	23.87±6.88	34.97±5.52	170.41±35.43	6.85±0.44	26.54±4.58
JC	1.19±0.06	37.06±1.96	6.04±0.45	4.16±3.28	1.08±0.47	27.77±14.94	36.48±1.55	137.33±45.56	11.26±0.47	21.06±4.12
LG	1.14±0.06	40.20±2.58	7.12±0.06	1.12±0.81	0.39±0.18	4.23±1.44	31.75±1.02	68.03±32.10	4.96±0.18	12.47±2.71
QY	1.40±0.08	30.75±1.88	5.99±0.23	6.79±3.57	1.06±0.08	15.02±2.46	41.36±0.38	129.05±29.09	26.81±1.08	21.01±2.30
SP	1.44±0.10	36.69±3.94	5.49±0.18	1.89±1.47	0.42±0.29	5.34±3.23	33.33±0.78	183.72±28.76	3.17±0.29	9.78±2.67
XY	1.51±0.09	30.16±3.61	5.96±0.40	2.86±1.39	0.11±0.01	13.52±1.08	34.51±1.30	119.00±43.41	3.07±0.003	10.43±0.56

注：均值±标准差，Mean±SD。

4.2 土壤质量评价最小数据集的构建

运用主成分分析计算各土壤指标在所有特征值大于等于 1 的主成分(PC)上的载荷，据此将同一 PC 中载荷大于等于 0.5 的土壤指标分为一组，若某土壤指标同时在两个 PC 中载荷均大于 0.5，则将该参数归入与其他参数相关性较低的一组。通过式(4-1)分别计算各组各指标的 Norm 值，选取每组中 Norm 值在最高总分值 10%范围内的指标，进一步分析每组中所选取指标间的相关性，若高度相关($r > 0.5$)则确定分值最高的指标进入 MDS，从而获得最终的 MDS。

$$N_{ik} = \sqrt{\sum_{i=1}^{k}(u_{ik}^2 \lambda_k)} \tag{4-1}$$

式中，N_{ik} 为第 i 个变量在特征值大于 1 的前 k 个主成分上的综合载荷；u_{ik} 为第 i 个变量在前 k 个主成分上的载荷；λ_{ik} 为第 i 个变量在前 k 个主成分上的特征值。其中，Norm 值越大，解释综合信息的能力越完全。

土壤质量评价采用土壤质量评价分值来计算：

$$SQI = \sum_{i=1}^{n} W_i \times N_i \tag{4-2}$$

式中，W_i 为权重，是主成分分析中第 i 个指标所在 PC 的方差贡献率与特征值大于 0.85 的

续表

有机氯组分	XB	HF	HL	YZ	SC	NG
七氯	nd	nd	nd	0.0000929698	0.0000538909	0.0000676
β-HCH	0.000418361	0.000834463	0.000438319	0.00016983	0.000272631	0.000357358
δ-HCH	nd	nd	nd	nd	nd	nd
PP′-DDE	nd	nd	nd	nd	nd	nd
OP′-DDT	nd	nd	nd	nd	nd	nd
PP′-DDD	nd	nd	nd	nd	nd	nd
PP′-DDT	nd	nd	nd	nd	nd	nd

有机氯组分	JC	LG	QYQ	SP	XY
六氯苯	0.0000634786	0.0000310679	0.0000616475	0.0000684836	0.0000404676
α-HCH	0.0000644083	nd	nd	0.00007.24236	nd
五氯硝基苯	nd	nd	nd	nd	nd
γ-HCH	0.0000450227	0.0000504255	nd	0.0000300152	nd
七氯	nd	nd	nd	nd	0.0000630303
β-HCH	0.000715846	nd	0.000161922	0.000414219	0.000237235
δ-HCH	nd	nd	nd	nd	nd
PP′-DDE	nd	nd	nd	nd	nd
OP′-DDT	nd	nd	nd	nd	nd
PP′-DDD	nd	nd	nd	nd	nd
PP′-DDT	nd	nd	nd	nd	nd

注：nd=not-detected（未检出）。

　　贵州无籽刺梨主要种植地区土壤中有机氯农药残留状况见表 4-5。环境污染的来源主要是农业生产应用和工业污染。由表 4-5 可知，土壤中六氯苯检出率为 100%。六氯苯作为有机氯杀菌剂，在农业方面主要被用于防治真菌危害，一般在拌种时杀菌剂使用，会对土壤造成污染；工业污染主要是应用六氯苯作为生产五氯酚和五氯酚钠中间体，在使用五氯酚钠的过程中会向环境释放六氯苯；含氯废物焚烧也会向大气释放六氯苯，参与到大气沉降中（史双昕等，2007）。在此次研究的所有无籽刺梨种植地区土壤中均有少量六氯苯检出，表明六氯苯是贵州省无籽刺梨主要种植地区土壤中普遍存在的一类持久性有机污染物。参照加拿大环境质量指南，农业用地中土壤六氯苯的最大浓度不超过 50 μg/kg，而表 4-5 检测结果显示，各地区检出值远远低于该标准，说明贵州省无籽刺梨主要种植地区六氯苯含量较低。由于六氯苯极易挥发，残留在环境中的六氯苯极易以蒸气形式存在或者吸附在大气颗粒物上，在大气运动的带动下作远距离迁移（蒋煜峰等，2010）。所有调查的种植地区均有检出，但含量都极低，表明这些无籽刺梨种植地区土壤中六氯苯来源应该是近年来区域大气沉降，而非农用所致。

　　在所有种植地区，HCHs 中 β-HCH 检出率为 nd-81.82%，检出地区分别为 XB、HF、HL、YZ、SC、NG、JC、QYQ、SP 和 XY；γ-HCH 检出率为 nd-45.46%，检出地区分别为 HF、HL、JC、LG 和 YZ；α-HCH 检出率为 nd-27.27%，检出地区分别为 HF、JC 和 SP；

δ-HCH 在所有地区中均未检出。检出含量均低于标准限值。就所有无籽刺梨种植区而言，4 种异构体的残留量大小顺序分别为 β-HCH（90.47%）> α-HCH（4.40%）> γ-HCH（5.14%）。产生这种结果的原因主要是 β-HCH 的结构比其他异构体结构更稳定，是环境中最稳定和最难降解的 HCHs 异构体之一。同时，其他 HCHs 异构体还会在环境中转化为 β-HCH 以达到稳定状态（Rissato et al.，2006）。α-HCH/γ-HCH 的变化不仅可以判断 HCHs 同分异构体之间的转化，还可以作为环境中是否有新的 HCHs 输入的判断指标。一般而言，当土壤中 γ-HCH 占绝对优势的时候，说明土壤中有新的 HCHs 输入（王晶等，2016；冯雪等，2011）。本研究中，所有无籽刺梨种植地区 γ-HCH 含量和检出率均未占主导地位，因此判定无籽刺梨种植地区无新的 HCHs 输入。七氯作为一种典型的有机氯农药，2001 年 5 月 23 日，由 127 个国家签署的《关于持久性有机污染物（POPs）的斯德哥尔摩公约》将 3 大类共 12 种 POPs 列入黑名单进行严格限制（赵子鹰等，2013）。本研究中，11 个无籽刺梨种植地区七氯检出率为 nd-27.27%，检出地区分别为 YZ、SC、NG 和 XY。对比美国 FDA 对农业土壤中期率含量基准定值，检出地区土壤属于"安全"级别。由于七氯的半衰期长、水溶性差等特点，使用过七氯农药的地区农药残留、降解等过程多停留于表层土壤中（马瑾等，2008），所以上述检出地区土壤中期率有可能来自过去使用农药的残留。

4.5　无籽刺梨种植基地的土壤重金属风险特征

重金属一般指密度大于 5 g/cm^3 的金属元素（Sparks et al.，2005），在环境领域则与元素环境行为及毒性相关，还包括一些密度小于 5 g/cm^3 金属元素及类金属元素。环境中重金属的来源一般有天然来源和人为来源两种。天然来源指很多重金属是地壳岩石的天然组成部分。人为来源指生产生活活动中造成的重金属污染，如工业生产过程中使用重金属作为原材料、辅料及催化剂，农业中使用肥料和农药以及城市生活中产生的重金属（李战和李坤，2010）。进入土壤的重金属，通过沉淀溶解、氧化还原、吸附解吸、络合、胶体形成等一系列物理化学作用进行迁移转化，以一种或多种形态长期存在于土壤中。重金属毒性很大，不仅能在土壤及生物体内不断富集，而且不易被清除，所以重金属污染是潜在危害的无机污染物，它对土壤的污染具有隐蔽性、潜伏性、不可逆性、长期性、严重后果性等特点，造成对土壤的永久性潜在危害。重金属污染物能够通过各种途径进入土壤，从而对土壤造成污染，全世界每年排放大量的重金属，各国土壤均存在不同程度的重金属污染。

重金属是一种难以控制的污染物，具有强毒性、长期潜伏、不断在食物链中富集等特点（雷国建等，2013；谢小进等，2010；黄先飞等，2008），重金属污染很难通过生物降解、土壤自净而被清除，所以土壤遭受重金属污染很难恢复（海米提·依米等，2014）。怎样有效减轻和修复重金属污染，缓解其对人体、生物和生态环境的危害是当今环境问题的难点之一（梅凡民和徐朝友，2012）。喀斯特地区地貌类型复杂、山高坡陡、土层瘠薄而不连续，生态环境脆弱，土地承载负荷大，污染不易被修复（伍应德，2013），加大了该地区土壤重金属的治理难度。目前，喀斯特地区土壤研究主要集中于喀斯特坡地石漠化治理以及水分变异规律(段正锋等，2009；周梦维等，2007)、土地利用方式的研究(杨皓等，2015a)、土壤重金属评价(刘涛泽等，2009)、土壤肥力评价(李新爱等，2006)，对无籽刺梨种植基地土壤重金属的含量分析及风险评价研究较少。

贵州喀斯特地区的重金属污染比较严重，通过对全国土壤重金属的调查表明，贵州土壤中镉的含量已明显大于绿色食品土壤环境对镉的含量要求，其最小值为 0.042mg/kg，最大值为 7.650mg/kg，平均值为 0.659mg/kg，而镉的含量的限量值要求为 0.3～0.6mg/kg(刘风枝，2001)。贵州全省几乎都受到镉污染，贵阳市及黔南州是镉的重污染区(张莉和周康，2005)。文献结果表明，贵州省主要受到镉(Cd)和汞(Hg)污染。本节通过选取具有代表性的无籽刺梨基地的土壤进行重金属元素的含量测定，参照贵州省土壤背景值与《国家环境质量标准》二级标准进行比较，并通过尼梅罗综合污染指数、单因子评价法等进行评价，分析当前喀斯特地区无籽刺梨基地背景下土壤重金属污染状况，便于对喀斯特不同的种植基地的土壤环境质量进行适宜性评价，为大规模发展无籽刺梨提供参考。

4.5.1　材料与方法

1. 采样方法

每个基地分别随机采取 5～10 个土样，采样深度约为 0～30cm，混合均匀后按四分法各取 1kg 带回实验室自然风干，室内除石粒、植物根，研磨，过 100 目筛，供测试分析用。

2. 主要的仪器、试剂与方法

主要仪器为德国赛多利斯生产的 StartoriusCP225D 型万分之一分析天平，北京瑞利分析仪器股份有限公司的原子吸收光谱仪，美国 VARIAN 公司生产的 CARY100 型紫外分光光度仪，美国 Perkin Elmer 公司生产的 ICP-AES 电感耦合等离子体发射光谱仪 Optima 5300V，北京吉天仪器公司生产的子荧光光谱仪 AFS-993，韩国 Human corporation 公司生产的超纯水机，昆仑市超声清洗仪器公司的 KQ-500DB 超声清洗仪，科大创新股份有限公司中佳分公司的 SC-3610 低速离心机。所用试剂为由国药集团股份有限公司生产的盐酸(HCl)、硝酸(HNO_3)、高氯酸($HClO_4$)，均为优级纯，以及由成都金山化学试剂有限公司生产的 30%过氧化氢(H_2O_2)。

3. 重金属污染评价方法

1)单因子指数法

采用单因子指数法对土壤重金属污染水平进行评价(陈怀满，2010)，公式为

$$P_i = C_i/C_0 \tag{4-5}$$

式中，P_i 为单向污染指数；C_i 为污染物实测平均含量(mg/kg)；C_0 为背景参考值，i 代表

某种污染物。单因子评价土壤污染分级标准见表 4-6。

表 4-6　单因子评价土壤污染分级标准

等级划分	P_i	污染等级
1	$P \leqslant 1$	无污染
2	$1 < P \leqslant 2$	轻微污染
3	$2 < P \leqslant 3$	轻度污染
4	$3 < P \leqslant 5$	中度污染
5	$P > 5$	重度污染

2) 尼梅罗综合污染指数

采用尼梅罗（Nemerow）综合污染指数法进行全面反映污染物对土壤的作用，突出高浓度污染物对环境质量的影响，公式为

$$P_i = \sqrt{\frac{P_{iave}^2 + P_{imax}^2}{2}} \tag{4-6}$$

式中，P_i 为尼梅罗综合指数法；P_{iave} 为土壤中所有污染物单因子指数平均值；P_{imax} 为土壤中所有污染物单因子指数最大值。

尼梅罗指数法评价土壤污染分级见表 4-7。

表 4-7　尼梅罗指数法评价土壤污染分级标准　　　　　　　　　（单位：mg/kg）

等级划分	P_i	污染等级	污染水平
1	$P_i \leqslant 0.7$	安全	清洁
2	$0.7 < P_i \leqslant 1$	警戒线	尚清洁
3	$1 < P_i \leqslant 2$	轻度污染	土壤轻污染，作物开始受到污染
4	$2 < P_i \leqslant 3$	中度污染	土壤、作物开始受中度污染
5	$P_i > 3$	重度污染	土壤、作物均受污染，已相当严重

4.5.2　无籽刺梨基地土壤重金属的含量与分布

贵州省 10 个无籽刺梨基地土壤 Cu、As、Pb、Cd 和 Hg 含量及其变异系数如表 4-8 所示。结果表明：基地 Cu、Cd 和 Hg 平均含量均超过贵州省土壤背景值，4 号、10 号基地 Pb 超过贵州省土壤背景值，所有基地 As 含量低于贵州省土壤背景值。与《国家环境质量标准》二级标准相比，所有基地土壤 As 和 Pb 含量均未超标。

表 4-8　无籽刺梨种植基地土壤重金属含量

采样地点		Cu	As	Pb	Cd	Hg	pH
1	平均值	39.33	1.26	16.47	1.31	1.35	5.62
	标准差	12.37	0.64	4.70	0.95	1.14	0.59
	变异系数	0.31	0.51	0.29	0.73	0.84	0.10
2	平均值	89.05	1.10	16.10	2.33	0.13	6.43
	标准差	9.95	0.37	1.58	0.28	0.05	0.43
	变异系数	0.11	0.33	0.10	0.06	0.36	0.07
3	平均值	174.80	1.21	3.97	8.62	2.24	5.58
	标准差	5.87	0.01	0.08	0.04	0.03	0.04
	变异系数	0.03	0.01	0.02	0.00	0.01	0.01
4	平均值	53.43	1.89	56.48	6.26	0.97	7.26
	标准差	18.33	0.29	8.69	4.26	0.96	0.13
	变异系数	0.34	0.15	0.15	0.68	0.99	0.02
5	平均值	89.49	1.20	23.84	9.08	0.21	7.33
	标准差	56.04	0.04	0.56	1.17	0.28	0.38
	变异系数	0.63	0.03	0.02	0.13	1.32	0.05
6	平均值	43.45	1.63	27.17	4.77	0.58	5.64
	标准差	2.33	0.44	10.10	0.38	0.59	0.18
	变异系数	0.05	0.27	0.37	0.10	1.02	0.03
7	平均值	86.93	1.08	17.33	1.13	1.37	5.96
	标准差	0.87	0.07	0.22	0.22	0.05	0.05
	变异系数	0.01	0.07	0.01	0.02	0.04	0.01
8	平均值	112.79	1.51	22.15	1.93	0.12	6.07
	标准差	43.97	0.25	1.17	0.11	0.02	0.67
	变异系数	0.39	0.17	0.05	0.04	0.20	0.11
9	平均值	47.68	0.60	16.81	2.72	0.17	5.04
	标准差	1.03	0.07	0.69	0.51	0.01	0.18
	变异系数	0.02	0.11	0.04	0.19	0.06	0.04
10	平均值	55.20	0.88	56.91	6.23	0.79	6.11
	标准差	7.31	0.03	1.10	0.83	0.48	0.40
	变异系数	0.13	0.04	0.01	0.61	0.07	0.07
贵州省土壤背景值		32	20.00	35.20	0.66	0.11	

从各基地土壤重金属的空间变异程度分析，各基地土壤的变异系数差别很大，其中，以 Hg 的变异系数最大，如 5 号基地 Hg 的变异系数为 132%，表明基地土壤中重金属的空间分布有一定差异，各基地重金属含量的最高值与最低值之比均大于 2 倍以上，这可能与受外界的干扰活动有关。通过图 4-2，用 Shapiro-Wilk 法对数据进行正态检验，pH、As 属于正态分布，Cu、Pb、Cd 和 Hg 属于偏正态分布。

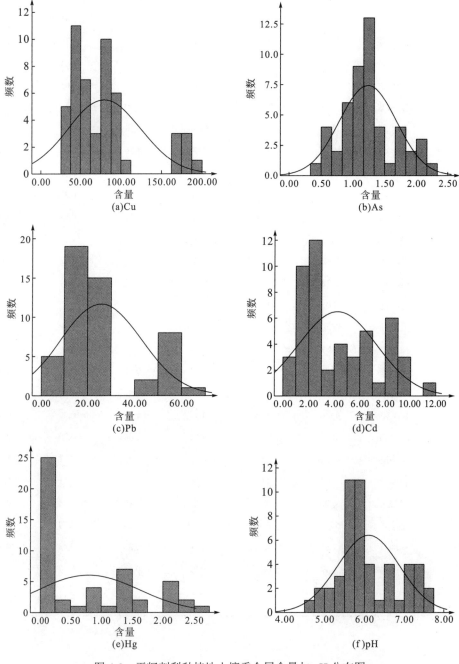

图 4-2　无籽刺梨种植地土壤重金属含量与 pH 分布图

4.5.3　无籽刺梨种植基地土壤重金属污染评价

土壤重金属污染是众多指标综合作用产生的结果,在气候条件和生产技术水平相同的地理区域,往往受成土母质、人类活动影响(Cheng,2003),喀斯特地区表现尤为明显。因此,选取 Cu、As、Pb、Cd、Hg 等指标对喀斯特地区 10 个无籽刺梨种植基地土壤重金属污染进行定量化综合评价,结果见表 4-9。

表 4-9　无籽刺梨种植基地土壤重金属的污染评价指数

采样地点	Cu		As		Pb		Cd		Hg	
	指数	程度	指数	程度	指数	程度	指数	程度	指数	程度
1	1.23	轻	0.06	未	0.47	未	1.98	轻	12.23	重
2	2.78	中	0.06	未	0.46	未	34.52	重	1.21	轻
3	5.46	重	0.06	未	0.11	未	13.06	重	20.35	重
4	1.67	轻	0.1	未	1.61	轻	9.49	重	8.78	重
5	2.8	中	0.06	未	0.68	未	13.76	重	1.93	轻
6	1.36	轻	0.08	未	0.77	未	72.27	重	5.28	重
7	2.72	中	0.05	未	0.49	未	17.15	重	12.4	重
8	3.52	重	0.08	未	0.63	未	29.32	重	1.05	轻
9	1.49	轻	0.03	未	0.48	未	41.18	重	1.51	轻
10	1.73	轻	0.04	未	1.61	轻	94.46	重	7.19	重

*注:轻,轻度污染;中,中度污染;重,重度污染;未,未污染。

从单污染因子看,除 1 号基地土壤 Cd 轻度污染外,其余为重度污染;As 在所有刺梨基地土壤中均未受污染;Cu 在 1 号、4 号、6 号、9 号和 10 号基地为轻度污染,在 2 号、5 号和 7 号基地为中度污染,在 3 号和 8 号基地为重度污染;Pb 在 4 号和 10 号基地土壤中为轻度污染,在其他基地土壤均无污染;Hg 在 1 号、3 号、4 号、6 号、7 号和 10 号基地为重度污染,在 2 号、5 号、8 号和 9 号基地为轻度污染。

4.5.4　讨论

基于喀斯特山区无籽刺梨基地土壤重金属含量分析研究、土壤污染定量化综合分析、单因子与潜在风险分析,发现基地土壤中重金属含量差异较大,各个基地的污染、风险程度不同。其中,基地土壤 Cd 元素全部超出《土壤环境标准》(GB15618-1995)二级标准,此研究与张莉的研究结果相符,贵州省土壤 Cd 污染尤为严重,全省大部分地区遭受 Cd 污染(张莉等,2005),究其原因,这主要与土壤的基质有关,可能与燃煤及矿产开采有关(王济和王世杰,2005)。6 个基地土壤汞超过《土壤环境标准》(GB15618-1995)二级标准,这可能与自然原因有关：贵州位于汞矿化带，自然释放的汞污染物进入大气环境，通过大气沉降到达土壤(冯新斌等，1996)。由于汞的特殊理化性质，人们对汞的需求越来越大，而贵州境内分布着大量的汞矿床，汞矿大量开采造成土壤污染(廖银锋等，2016)。5个基地土壤 Cu 超过《土壤环境标准》二级标准，这可能与土壤的成土母质、土壤施肥和含硫酸铜杀虫剂等有关(杨皓等，2015b)。

在地质上喀斯特山区是重要的成矿富集带，已成为我国重要的矿产产区，由于该地区生态环境脆弱(兰安军等，2003)，碳酸盐岩母质发育土壤中 Pb、Cd、Hg、As 和 Cu 等重金属元素背景值通常也高于非喀斯特地区成土母质发育的土壤。重金属污染物在土壤环境中长期潜伏，很难被植物和土壤降解，不仅影响农作物产量和生长，也可能使土壤结构和功能发生变化，对喀斯特山区影响尤为严重(范明毅等，2016)。土壤污染具有隐蔽性、滞后性、累积性、不可逆转性等特点，而喀斯特山区裂隙构造发育，通过大气降水的淋溶作用下渗到深层土壤，对深层土壤造成污染，须引起足够重视。

4.6　本章总结

本章建立了贵州喀斯特地区无籽刺梨种植地区土壤肥力评价的最小数据集，根据综合评价结果，全磷、全氮和容重是贵州喀斯特无籽刺梨种植主要地区的限制性因素，可能与喀斯特地区土壤性质有关。全氮、土壤容重与土壤有机质含量息息相关，所以在各种植地区应该注重施加有机肥，还需根据地区土壤特性调配好 N、P 等元素的比例。

关于无籽刺梨种植地区土壤健康方面的研究以有机氯各组分为评价对象，以《土壤环境质量标准》、加拿大环境质量指南中农业土壤标准和美国 FDA 农业土壤质量标准为依据，各无籽刺梨种植地区土壤 ΣHCHs、Σ 六氯苯和 Σ 七氯均小于限制值，DDTs 未检出，均属安全范围。种植基地土壤 Hg、Cd、Cu 元素均呈现不同程度的超标现象，Pb、As 含量符合无公害产地环境要求。单因子指数法评价显示无籽刺梨基地土壤受到不同程度的重金属污染。

参 考 文 献

陈怀满，2010. 环境土壤学[M]. 北京：科学出版社.

陈瑶，2012. 湖南省农田土壤中 HCH 和 DDT 残留状况研究[J].中国环境监测，28(5)：44-47.

戴树桂，2006. 环境化学[M]. 北京：高等教育出版社.

邓家富，2014. 黔西南州石漠化治理的主要做法及成功模式[J]. 中国水土保持，1：4-7.

段正锋，傅瓦利，甄晓君，等，2009. 岩溶区土地利用方式对土壤有机碳组分及其分布特征的影响[J]. 水土保持学报，23(2)：
　109-114.

范明毅，杨皓，黄先飞，等，2016. 喀斯特山区燃煤电厂土壤重金属污染评价[J]. 化工环保，36(3)：338-344.

冯新斌，陈业材，朱卫国，1996. 土壤挥发性汞释放通量研究[J]. 环境科学，17（2）：20-25.

冯雪，李剑，滕彦国，等，2011. 吉林松花江沿岸土壤中有机氯农药残留特征及健康风险评价[J]. 环境化学，30（9）：1604-1610.

付慧晓，王道平，黄丽荣，等，2012. 刺梨和无籽刺梨挥发性香气成分分析[J]. 精细化工，29（9）：875-878.

高岩，周德祥，陈梅兰，2009. 气相色谱质谱联用检测土壤中有机氯农药的残留[J]. 浙江树人大学学报：自然科学版，13-16.

龚钟明，曹军，李本纲，等，2003. 天津地区土壤中六六六（HCH）的残留及分布特征[J]. 中国环境科学，23（3）：311-314.

贡璐，张雪妮，李光辉，等，2012. 塔里木河上游典型绿洲不同土地利用方式下土壤质量评价[J]. 资源科学，34（1）：120-127.

古添发，张俊琼，周密，2010. 气相色谱法分析土壤中的 17 种有机氯农药[J]. 轻工科技，26（2）：67-68.

海米提•依米提，祖皮艳木•买买提，李建涛，等，2014. 焉耆盆地土壤重金属的污染及潜在生态风险评价[J]. 中国环境科学，34（6）：1523-1530.

黄先飞，秦樊鑫，胡继伟，2008. 重金属污染与化学形态研究进展[J]. 微量元素与健康研究，25（1）：48-51.

蒋煜峰，王学彤，孙阳昭，等，2010. 上海市城区土壤中有机氯农药残留研究[J]. 环境科学，31（2）：409 - 414.

兰安军，张百平，熊康宁，等，2003. 黔西南脆弱喀斯特生态环境空间格局分析[J]. 地理研究，22（6）：733-741.

雷国建，陈志良，刘千钧，等，2013. 广州郊区土壤重金属污染程度及潜在生态危害评价[J]. 中国环境科学，33（S1）：49-53.

李桂林，陈杰，孙志英，等，2007. 基于土壤特征和土地利用变化的土壤质量评价最小数据集确定[J]. 生态学报，27（7）：2715-2724.

李新爱，肖和艾，吴金水，等，2006. 喀斯特地区不同土地利用方式对土壤有机碳、全氮以及微生物生物量碳和氮的影响[J]. 应用生态学报，17（10）：1827-1831.

李战，李坤，2010. 重金属污染的危害与修复[J]. 现代农业科技，534（16）：268-270.

廖银锋，柴嘉琳，张军方，2016. 贵州典型汞污染问题综述[J]. 环保科技，（3）：48-51.

刘凤枝，2001. 农业环境监测实用手册[M] . 北京：中国标准出版社.

刘金山，胡承孝，孙学成，等，2012. 基于最小数据集和模糊数学法的水旱轮作区土壤肥力质量评价[J]. 土壤通报，43（5）：1145-1150.

刘涛泽，刘丛强，张伟，等，2009. 喀斯特地区坡地土壤可溶性有机碳的分布特征[J]. 中国环境科学，29（3）：248-253.

刘云慧，龙俐，谷晓平，等，2008. 贵州省黔西南地区石漠化空间分布特征分析[J]. 贵州气象，32（1）：3-6.

龙健，邓启琼，江新荣，等，2005. 贵州喀斯特石漠化地区土地利用方式对土壤质量恢复能力的影响[J]. 生态学报，25（12）：3188-3195.

马瑾，周永章，万洪富，2008. 广东惠州市土壤七氯残留状况及空间分布特征[J]. 生态与农村环境学报，24（4）：87-89.

毛海红，2012. 岩溶水文地质系统中有机氯农药的迁移机理初探——以重庆雪玉洞水文地质系统为例[D]. 重庆：西南大学.

梅凡民，徐朝友，2012. 西安市大气降尘中 Cu、Pb、Zn、Ni 的化学形态及生物有效性——以燃煤电厂、生活垃圾电厂、产业开发区和建材商业区为例[J]. 安全与环境学报，12（1）：130-134.

史双昕，周丽，邵丁丁，等，2007. 北京地区土壤中有机氯农药类 POPs 残留状况研究[J]. 环境科学研究，20（1）：24-29.

苏孝良，2005.贵州喀斯特石漠化与生态环境治理[J].地球与环境，33（4）：24-32.

佟玲，黄园英，张玲金，等，2009. 气相色谱-质谱法测定土壤中有机氯农药及多氯联苯[J]. 理化检验(化学分册)，7：858-861.

王济，王世杰，2005. 土壤中重金属环境污染元素的来源及作物效应[J]. 贵州师范大学学报(自然科学版)，23（2）：113-120.

王晶，裴国霞，郝拉柱，等，　2016. 内蒙古土默川黄灌区表层土壤中 HCHs 的分布特征及来源解析[J]. 农业环境科学学报，35（11）：2131-2136.

吴思政，柏文，禹霖，等，2001. 土壤容重与杏生长和结果的关系[J]. 经济林研究，19（4）：20-22.

伍应德，2013. 基于生态环境的贵州喀斯特山区现代农业发展模式探讨[J]. 贵州农业科学，41（8）：246-249.

谢小进，等，2010. 黄浦江中上游地区农用土壤重金属含量特征分析[J]. 中国环境科学，30（8）：1110-1117.

许明祥，刘国彬，赵允格，2005. 黄土丘陵区土壤质量评价指标研究[J]. 应用生态学报，16（10）：1843-1848.

杨皓，范明毅，李婕羚，等，2016. 喀斯特山区无籽刺梨和种植基地土壤酶活性与肥力因子的关系[J]. 山地学报，34（1）：28-37.

杨皓，胡继伟，黄先飞，等，2015a. 喀斯特地区金刺梨种植基地土壤肥力研究[J]. 水土保持研究，22（3）：50-55.

杨皓，胡继伟，黄先飞，等，2015b. 喀斯特山区金刺梨种植基地土壤有效养分含量状况研究[J]. 河南农业科学，44（7）：53-56.

杨珊，何寻阳，苏以荣，等，2010. 岩性和土地利用方式对桂西北喀斯特土壤肥力的影响[J]. 应用生态学报，21（6）：1596-1602.

于新民，陆继龙，郝立波，等，2007. 吉林省中部土壤有机氯农药的含量及组成[J]. 地质通报，26（11）：1476-1479.

张宝峰，曾路生，李俊良，等，2013. 优化施肥处理下设施菜地土壤容重与孔隙度的变化[J]. 中国农学通报，32：309-314.

张惠兰，车宏宇，李广，2001. 辽宁省绿色食品生产基地土壤中有机氯农药残留分析[J]. 杂粮作物，21（3）：44-45.

张莉，周康，2005. 贵州省土壤重金属污染现状与对策[J]. 贵州农业科学，33（5）：114-115.

张伟，陈洪松，王克林，等，2007. 桂西北喀斯特洼地土壤有机碳和速效磷的空间变异[J]. 生态学报，27（12）：5168-5175.

张志才，陈喜，石鹏，等，2008. 贵州喀斯特峰丛山体土壤水分布特征及其影响因素[J]. 长江流域资源与环境，17（5）：803-807.

赵子鹰，黄启飞，王琪，等，2013. 我国持久性有机污染物污染防治进展[J]. 环境科学与技术，36：473-476.

郑昭佩，刘作新，2003. 土壤质量及其评价[J]. 应用生态学报，14（1）：131-134.

周梦维，王世杰，李阳兵，等，2007. 石漠化景观生态优化途径初探：以贵州清镇王家寨小流域为例[J]. 中国岩溶，26（6）：91-97.

BOEHM M M，ANDERSON D W，1997. A landscape scale study of soil quality in three prairie farming systems[J]. Soil Science Society of America Journal，61：1147-1159.

Cheng S，2003. Heavy metal pollution in China：Origin，pattern and control. Environmental Science & Pollution Research International，10（3）：192-198.

D'HOSE T，COUGNON M，DE-VLIEGHER A，et al.，2014. The positive relationship between soil quality and crop production：a case study on the effect of farm compost application[J]. Applied Soil Ecology，75：189-198.

DUNJO G，PARDINO G，GISPERT M，2003. Land use change effects on abandoned terraced soils in a Mediterranean catchment，NE Spain. Catena，52：23-37.

GOVAERTS B，SAYRE K D，DECKERS J，2006. A minimum data set for soil quality assessment of wheat and maize cropping in the highlands of Mexico[J]. Soil and Tillage Research，87（2）：163-174.

HAKANSON L，1980. An ecological risk index for aquatic pollution control. A sedimentological approach. Water Research，14：975-1001.

LI J L，YANG H，SHI X D，et al，2016. Correlations Between enzymes and nutrients and nutrients In soils from the Rosa sterilis S.D. Shi planting bases located in karst areas of Guizhou plateasu，China[C]. Advances in Energy，Environment and Materials Science：91-95.

LIU J S，HU C X，SUN X C，et al.，2012. Evaluation of soil fertility quality with a minimum data set and fuzzy logic in the paddy-upland rotation region of Hubei Province（In Chinese）[J]. Chinese Journal of Soil Science，43（5）：1145-1150.

MORENO F M，GARRIDO F A，MARTINEZ J L，et al.，2001. Analyses of lindane，vinclozolin，aldrin，P，P'-DDE，O，

P'-DDT and P, P'-DDT in human serum using gas chromatography with electron capture detection and tandem mass spectrometry[J]. Journal of Chromatography B：Biomedical Sciences and Applications，760：1-l5.

RISSATO S R, GALHIANE M S, XIMENES V F, et al., 2006. Organochlorine pesticides and polychlorinated biphenyls in soil and water samples in the Northeastern part of Sao Paulo State，Brazil[J]. Chemosphere，65(11)：1949-1958.

SPARKS D L，2005. Toxic metals in the environment：the role of surfaces[J]. Elements，1：193-197.

YANG H, HU J W, HUANG X F, et al., 2014. Risk assessment of heavy metals pollution for Rosa sterilis and soil from planting bases located in karst areas of Guizhou province[J]. Applied Mechanics and Materials，700：475-481.

第 5 章　无籽刺梨果实营养成分的测定与评价

　　无籽刺梨是一种极具开发价值的野生植物资源,它的 VC、超氧化物歧化酶(superoxide dismutase,SOD)含量较高(敖芹等,2013)。近年来,随着其营养物质的发现而被广泛开发,刺梨饮料、刺梨酒、刺梨醋、刺梨果干果脯等产品的研制屡见报道(姚敏等,2014;李小鑫等,2013;刘春梅等,2011)。已有研究表明,无籽刺梨生物活性成分中黄酮类化合物含量较高(张丹等,2016)。但前人未对此类物质进行深入研究,黄酮类物质的具体种类未知。黄酮类化合物是小分子化合物,为许多中草药的有用成分,有较好的抗氧化、抗肿瘤、抗炎以及抗病毒等生理功能(赵雪巍等,2015)。国内外已有研究表明某些黄酮类化合物既是药理因子,又是重要的营养因子(Zhang et al.,2010),其是一种新发现的营养素,不同分子结构的黄酮可作用于身体不同器官,对人体具有重要的生理保健功效(叶兴乾等,2008;梅忠等,2014)。就目前研究现状而言,关于无籽刺梨质量控制的报道很少,采用高效液相色谱(high performance liquid chromatography,HPLC)测定其中药效成分的研究更少。尚未见使用 HPLC 同时测定无籽刺梨中三类以上成分的报道。本章选取无籽刺梨中含量较高的黄酮类化合物作为研究对象,采用高效液相色谱法建立分离效果好、杂质干扰少且峰面积较大的色谱条件,构建稳定、精确的无籽刺梨主要黄酮类化合物检测方法。该方法的建立,可以弥补现有技术的不足,加深对无籽刺梨黄酮类化合物组分的了解及其含量测定,对比筛选出优质的无籽刺梨种植地,并结合土壤因子分析不同地区产生差异性的主要影响因子,为其合理利用和种植管理提供科学依据。

5.1　无籽刺梨果实黄酮类化合物的测定

5.1.1　黄酮类化合物检测方法学的建立

　　采用高效液相色谱仪(LC-20AT 高效液相色谱仪,日本岛津)对黄酮类化合物进行测定(郭鹤男等,2012)。色谱柱为安捷伦 C_{18} 色谱柱(4.6mm×250mm,5μm)。流动相为 A——乙腈,B——0.1%磷酸水溶液。梯度洗脱程序:0～5min,90%～87% B;5～10min,87% B;10～15min,87%～85% B;15～20min,85%～84% B;20～32min,84%～82% B;32～35min,82%～80% B;35～40min,80%～78% B;40～55min,78%～75% B;55～70min,75%～70% B;70～80min,70%～60% B;80～90min,60%～35% B;90～95min,35%～20% B;95～105min,20%～10% B;105～110min,10%～5% B;110～115min,5%～10% B;115～120min,

10%～20% B；120～130min，20%～90% B；130～150min，90% B；体积流量 0.7mL/min，进样量 10μL，检测波长 360nm，柱温 30℃，UV 检测器。按照上述色谱条件进行测定，各成分分离度良好，对照品及样品色谱图见图 5～1。

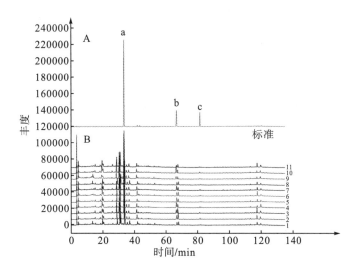

图 5-1　无籽刺梨果实中 3 种黄酮类化合物对照品与样品色谱图

5.1.2　方法学考察

在确定以上色谱条件前，分别对三个被测成分进行 200～500nm 全波长扫描，结果显示芦丁、槲皮素和山柰酚最大吸收波长分别为 268nm、359nm 和 360nm，为兼顾三个成分的最大吸收，最终确定 360nm 为检测波长。由于样品中大极性物质较多，使供试样品提取物全部达到基线分离是本章节研究的难点。选用甲醇-水为流动相时，系统压力较大，故初步选择乙腈-水为流动相；分别以 0.1%的磷酸和甲酸作为流动相 B(pH=3.5)，使用磷酸的峰形和分离度较好；分别以 0.05%、0.1%、0.2%、0.3%、0.4%磷酸水溶液(pH=3.5)作为流动相 B，0.1%磷酸水溶液(pH=3.5)可以达到较好的分离；在增大或降低流动相中有机相比例进行反复的条件筛选，最终选定的色谱条件能较为理想地分离样品提取物，且基线较平；同时考察了柱温在 25℃、30℃、40℃时的分离效果，确定 30℃可以较好地分离；考察了流速为 0.6mL/min、0.7mL/min、0.8mL/min、0.9mL/min、1.0mL/min，其中 0.7mL/min 流速下分离较好。并进行系统适应性试验、线性关系考察、精密度试验、重复性试验、稳定性试验、加标回收率试验及含量的测定。结果如下。

1. 系统适应性试验

精密吸取配制的混合标准品溶液 10μL、制备的供试品溶液 10μL 分别注入高效液色谱仪，按色谱条件记录色谱图，结果显示芦丁、槲皮素、山柰酚各峰的理论塔板数不低于

5000，各目标峰均达到基线分离。对照品与供试品的色谱图见图 5-1。

2. 线性关系考察

分别精密吸取混合对照品 A 溶液 2μL、4μL、8μL、10μL、20μL 进样，按色谱条件进行测定，回归方程、相关系数和线性范围见表 5-1，结果表明各组分在各自进样范围内线性关系良好。

表 5-1　线性关系考察结果

成分	R	回归方程	线性范围/(mg/mL)
芦丁	0.9999947	$Y=4.24904e^{-7}X+7.821786e^{-3}$	0.154～1.54
槲皮素	0.9999946	$Y=5.074754e^{-8}X+2.999377e^{-4}$	0.00267～0.0267
山柰酚	0.9999935	$Y=4.760651e^{-8}X+1.56885e^{-4}$	0.00427～0.0427

3. 精密度试验、重复性试验与稳定性试验

精密吸取供试溶液 10 μL，连续进样 6 次，记录色谱峰面积。结果显示芦丁、槲皮素和山柰酚峰面积的 RSD 分别为 1.102%、0.991%、1.110%。表明仪器精密度良好。

取同一份样品(JC)粉末 6 份，平行制备供试品溶液，按确定的色谱条件进样分析，记录色谱峰面积。结果显示芦丁、槲皮素和山柰酚 RSD 分别为 1.51%、2.01%、1.78%。表明方法的重复性好。

取同一份供试品溶液(JC)，分别在 0h、2h、4h、8h、16h、48h 进样 6 次，记录色谱峰面积。结果显示芦丁、槲皮素和山柰酚峰面积的 RSD 分别为 1.102%、0.991%、1.110%。表明供试样品溶液 48 h 内稳定性良好。

4. 加标回收率试验

取已知含量的 JC 样品粉末约 0.5g 平均 6 份，精密称定。依次加入 100%甲醇配置的芦丁、槲皮素和山柰酚对照品 350μL、15μL、2μL，按供试品溶液制备方法制备。精密吸取加样回收溶液 10μL，注入液相色谱仪测定其含量。根据加样回收率=(A−B)/C×100 (A 为实测量，B 为样品中被测物质量，C 为加入对照品量)，分别计算各成分加样回收率，结果见表 5-2。

5. 含量的测定

采用外标法计算无籽刺梨果实中三种黄酮类成分的含量，检测结果见表 5-3。其中，各地区芦丁含量状况为：XB > ZWY > HF > SP > NG > XY > JC > LG > HL > YZ > SC > QYQ，槲皮素含量状况为：SP > HL > YZ > JC > LG > SC > HF > ZWY > XB > NG > QYQ > XY，山

奈酚含量状况为：ZWY > HF > YZ > SP > XB > JC = LG > NG > HL > SC > XY > QYQ。

表 5-2　加样回收率试验结果（n=6）

化合物	样品中含量	加入量	实测值	回收率/%	平均回收率/%	RSD/%
芦丁	0.1665	0.3675	0.50767	92.84	93.40	1.38
	0.1708	0.3675	0.50830	91.84		
	0.1710	0.3675	0.52080	95.18		
	0.1693	0.3675	0.50989	92.68		
	0.1669	0.3675	0.50911	93.12		
	0.1699	0.3675	0.51800	94.72		
槲皮素	0.00301	0.00768	0.01077	101.04	99.98	1.29
	0.00313	0.00768	0.01078	99.61		
	0.00309	0.00768	0.01091	101.82		
	0.00297	0.00768	0.01054	98.57		
	0.00311	0.00768	0.01069	98.70		
	0.00281	0.00768	0.01050	100.13		
山奈酚	0.00050	0.002	0.00252	101.00	100.58	2.82
	0.00058	0.002	0.00255	98.50		
	0.00070	0.002	0.00279	104.50		
	0.00050	0.002	0.00243	96.50		
	0.00075	0.002	0.00280	102.50		
	0.00069	0.002	0.00270	100.50		

表 5-3　样品含量测定结果　　　　　　　　（单位：μg/mL）

种植地区	芦丁	槲皮素	山奈酚
XB	0.49252	0.00519	0.00104
HF	0.39319	0.00539	0.00116
HL	0.31186	0.00729	0.00091
YZ	0.27038	0.0072	0.00109
SC	0.26899	0.00576	0.00079
NG	0.35636	0.00495	0.00098
JC	0.33297	0.00627	0.00102
LG	0.32016	0.00603	0.00102
QYQ	0.19937	0.00376	0.00065
SP	0.37496	0.00988	0.00107
XY	0.35524	0.00297	0.00070
ZWY	0.43258	0.00523	0.00126

5.1.3　最佳提取方案考查

在确定以上样品前处理方法前，分别考察了不同提取方式〔超声、回流、超声+酸解（2 mol/L HCl）〕、不同甲醇体积比（50%、60%、70%、80%、90%、100% v/v）、不同料液比（1∶25、1∶30、1∶40、1∶50 w/v）和不同提取时间（30min、60min、90min、120min），按确定的色谱条件得到各含量如表 5-4。最终确定以 1g 无籽刺梨果实粉末加入 100%甲醇 25mL，超声 30min，提取 2 次，分别使用水饱和正丁醇和乙酸乙酯各萃取 2 次，作为供试品溶液的制备方法。

表 5-4　提取方式考查

提取方式	峰面积		
	芦丁	槲皮素	山柰酚
超声	765224	117566	18156
回流	756100	110983	17109
超声+酸解	771092	107333	17012

1. 提取方式考察

由表 5-4 可知，超声提取的成分色谱峰面积普遍较大，超声加酸解回流的方式对槲皮素含量影响较大，故选取超声提取方式。

2. 甲醇体积比考察

由表 5-5 可知，100%甲醇提取的各成分色谱峰面积较大，谱图基线较平，故选取 100%甲醇作为提取溶剂。

表 5-5　甲醇体积比考察

甲醇体积比/%	峰面积		
	芦丁	槲皮素	山柰酚
50	657982	868911	15330
60	690718	870014	16101
70	691027	880003	17010
80	646819	859210	15709
90	689209	101017	17095
100	757597	117417	18982

3. 料液比考察

由表 5-6 可知，料液比为 1 : 25 的提取效率较高。

表 5-6　料液比考察

料液比	峰面积		
	芦丁	槲皮素	山柰酚
1 : 25	765224	117566	18156
1 : 30	760273	116654	17208
1 : 40	715557	117824	17866
1 : 50	750418	116729	18002

4. 提取时间考察

由表 5-7 可知，超声 30 min 提取 2 次时三种黄酮类成分的峰面积较大，且不再随提取时间延长而增大，故确定提取时间为 30 min，提取 2 次。

表 5-7　提取时间考察

提取时间/min	峰面积		
	芦丁	槲皮素	山柰酚
30	817629	152660	18508
60	765224	117566	15156
90	657927	106040	16578
120	614643	107635	13352

5.2　黄酮类化合物与土壤环境因子冗余分析

无籽刺梨各种植地区由于自然环境因素等导致土壤条件存在差异（杨皓等，2016a；杨皓等，2016b），因此选取无籽刺梨种植基地土壤环境因子为主要变量，分析黄酮类化合物含量与各地区土壤环境因子间的相互关系。由表 5-8 可知，贵州省主要无籽刺梨种植地区三种黄酮类化合物以及总黄酮含量与土壤环境因子的冗余分析（redundancy analysis，RDA）排序结果中，前两个排序轴特征值分别为 0.917 和 0.051，三种黄酮类化合物及总黄酮含量与土壤环境因子两个排序轴的相关性均为 1，前两个排序轴特征值占总特征值的96.7%。前两个排序轴的黄酮类化合物和土壤的相关系数很高，共解释黄酮化合物和土壤环境因子总方差 96.7%。整体看来，三种黄酮类化合物及总黄酮与不同环境因子间的 RDA 排序效果均较好。

表 5-8　RDA 排序结果

参数	轴 1	轴 2	轴 3	轴 4
特征值	0.917	0.051	0.032	0.001
变量累计百分比				
黄酮数据	91.7	96.7	99.9	100
黄酮含量-土壤环境因子关系	91.7	96.7	99.9	100
黄酮含量-土壤环境因子相关性	1	1	1	1
所有特征值之和	1			
所有典范特征值之和	1			
变量解释				
蒙特卡洛检验				
第一典范轴 P 值	0.002	0.028		
所有典范轴 P 值	0.002	0.028		

土壤环境因子 RDA 排序轴相关性分析显示(表 5-9)，第 1 排序轴主要反映了土壤全磷、有机质和速效钾是影响无籽刺梨三种黄酮类化合物及总黄酮含量的主要环境因子，这 3 个因子与第 1 排序轴的相关系数分别为 0.5759、0.5599 和 0.5870；第 2 排序轴主要反映了含水量、有机质、全氮、全钾和有效磷是影响无籽刺梨中三种黄酮类化合物及总黄酮含量的主要环境因子，这 5 个因子与第 2 排序轴的相关系数为 0.5629、−0.5642、−0.4611、−0.4680 和 0.4080。上述分析说明，影响无籽刺梨中主要黄酮类化合物和总黄酮含量的主要土壤环境因子是全磷、有机质、速效钾、含水量、全氮、全钾和有效磷，其中有机质的重要性十分突出，其余几个土壤环境因子相对重要。

表 5-9　土壤环境因子 RDA 排序轴相关性分析

	轴 1	轴 2	轴 3	轴 4
含水量	0.2498	0.5629	−0.0705	−0.1015
土壤容重	−0.1557	−0.1093	−0.058	0.4243
田间持水量	−0.1248	0.3035	0.1087	−0.8180
pH	−0.1756	0.0445	−0.0634	0.3948
全氮	0.2914	−0.4611	−0.3668	0.1606
全磷	0.5759	0.0272	0.1587	−0.0110
全钾	−0.1174	−0.4680	−0.3598	0.2659
有机质	0.5599	−0.5642	−0.1259	0.1698
水解氮	0.3561	−0.0127	0.4140	−0.0672
有效磷	0.3150	0.4080	−0.4169	0.1478
速效钾	0.5870	0.1517	−0.1544	−0.2187

然而，不是每个土壤因子对无籽刺梨果实黄酮类化合物含量都有显著性影响，因此应

用前向选择和蒙特卡洛检验分析每个土壤环境因子对黄酮化合物影响的显著性。结果表明，有机质和全钾共同对无籽刺梨果实黄酮类化合物含量有显著性解释作用（$P=0.0020$，$F=19.50$；$P=0.0280$，$F=3.73$），二者对无籽刺梨果实黄酮类化合物含量的解释量占所有土壤环境因子解释量的88%。

如图 5-2 所示，粗箭头代表土壤环境因子，箭头越长表示某一土壤环境因子对无籽刺梨黄酮类化合物含量的影响越大。尖头连线和排序轴夹角表示某一土壤环境因子与排序轴相关性大小，夹角越小相关性越高。RDA 排序图中芦丁和槲皮素与土壤全磷、有机质和速效钾呈负相关，与 pH、土壤容重呈正相关；山柰酚与有机质呈负相关，与田间持水量呈正相关；总黄酮与有效磷和含水量呈负相关，与全钾、全氮、有机质呈正相关。沿 RDA 第 1 排序轴从左到右，随着显著性影响因子土壤全磷、有机质、速效钾含量的降低，无籽刺梨中芦丁和槲皮素、山柰酚、总黄酮含量增加。沿第 2 排序轴从上到下，随着全钾、全氮、有机质含量的增加及土壤有效磷含量与含水量的减少，无籽刺梨总黄酮含量增加。结果表明，无籽刺梨果实中三种主要黄酮类化合物及总黄酮含量与显著性影响因子有机质呈正相关。

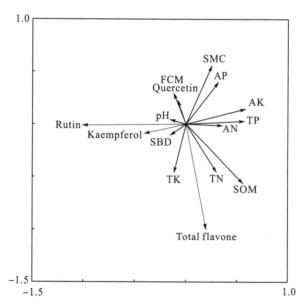

图 5-2　不同地区无籽刺梨三种黄酮类化合物及总黄酮含量与土壤环境因子 RDA 排序图
注：FMC-田间持水量，SMC-土壤含水量，SBD-土壤容重，SOM-土壤有机质，AP-有效磷，AK-速效钾，AN-水解氮，TP-全磷，TK-全钾，TN-全氮，Total flavone-总黄酮，Rutin-芦丁，Kaempferol-山柰酚，Quercetin-槲皮素。

5.3　氨基酸类物质检测与含量评价

为更深入的研究和开发利用贵州无籽刺梨和野生刺梨资源，本研究采用盐酸水解法，以正亮氨酸为内标物，异硫氰酸苯酯（phenyl isothiocyanate，PITC）为柱前衍生剂，用高效液相色谱测定无籽刺梨与野生刺梨的氨基酸的含量，对其进行组成分析和营养评价。结果表明，三种果实样品均含有 16 种氨基酸，成熟无籽刺梨与野生刺梨比较，总氨基酸、必需氨基酸、儿童必需氨基酸、味觉氨基酸、药效氨基酸、支链氨基酸略高；氨基酸组成分析中，除了 Cys+Met 外，其他均符合 WHO/FAO 氨基酸模式谱。

5.3.1 材料与方法

野生刺梨成熟果采集于 9 月，无籽刺梨成熟果采集于 11 月，采集地点均为贵州省兴仁市。

Agilent 1200 高效液相色谱仪、DAD 检测器、Agilent 色谱工作站(安捷伦科技有限公司)，恒温干燥箱(金南仪器制造有限公司)，AL-204 电子分析天平(瑞士梅特勒-托利多)，旋转蒸发仪(日本 ELYEA，N-1001)。

天冬氨酸(Asp)、谷氨酸(Glu)、丝氨酸(Ser)、甘氨酸(Gly)、组氨酸(His)、精氨酸(Arg)、苏氨酸(Thr)、丙氨酸(Ala)、脯氨酸(Pro)、酪氨酸(Tyr)、缬氨酸(Val)、蛋氨酸(Met)、异亮氨酸(Ile)、亮氨酸(Leu)、苯丙氨酸(Phe)、赖氨酸(Lys)对照品(美国 Sigma-Aldrich 公司)；正亮氨酸(Nle)、PITC 衍生剂、三乙胺(Bonna-Agela Technologies 公司)。乙腈(色谱纯，美国 TEDIA 公司)，水为超纯水，其余试剂均为分析纯。

Agilent 1200 HPLC，DAD 检测器、Agilent 色谱工作站(安捷伦科技有限公司)，恒温干燥箱(金南仪器制造有限公司)，AL-204 电子分析天平(瑞士梅特勒-托利多)，旋转蒸发仪(日本 ELYEA，N-1001)。

5.3.2 测定条件与过程

色谱柱为 Hypersil C_{18} 柱(250mm×4.6mm，5μm)，进样量 2μL，体积流量 1mL/min^{-1}，柱温 35℃，检测波长 254nm；流动相 A 为乙腈-0.1mol/L^{-1} 乙酸钠溶液-乙酸(7∶93∶0.05)，流动相 B 为乙腈-水(80∶20)。梯度洗脱程序为 3～15min，0～12%B；15～16min，12%～24%B；16～31min，24%～30%B；31～32min，30%～60%B；32～40min，60%～80%B。

1. 氨基酸混合对照溶液制备

分别精密称取各氨基酸对照品适量，加 0.1mol/L 盐酸溶液制成每毫升含天冬氨酸 1.007mg、谷氨酸 1.073mg、丝氨酸 0.794mg、甘氨酸 0.694mg、组氨酸 0.740mg、精氨酸 0.973mg、苏氨酸 0.757mg、丙氨酸 0.744mg、脯氨酸 1.154mg、酪氨酸 0.687mg、缬氨酸 0.707mg、蛋氨酸 0.734mg、异亮氨酸 1.057mg、亮氨酸 0.790mg、苯丙氨酸 0.684mg、赖氨酸 0.724mg 的混合对照品储备液。使用时候将储备液稀释 10 倍作为氨基酸对照品工作液。

2. 供试品溶液制备

分别取无籽刺梨与野生刺梨(除籽)果实适量用组织捣碎机捣碎成浆,精密称定 0.3g,置聚四氟乙烯水解罐中,精密加入 6mol/L 盐酸溶液(含 0.1%苯酚)10mL,于恒温烘箱中 110 ℃水解 24h,取出冷却,过滤于 25mL 容量瓶中,用纯净水洗涤滤渣并定容。将溶液于旋转蒸发仪上 65℃浓缩,用 0.1mol/L 盐酸溶解,将溶液转入 10mL 容量瓶中,定容。

3. 样品衍生化反应

分别准确移取对照品溶液、供试品溶液各 200μL,置 1.5mL 离心管中,准确加入 1.0mg/mL 正亮氨酸溶液 20μL,再加入 0.1mol/L 异硫氰酸苯酯乙腈溶液 100μL 及 1mol/L 三乙胺乙腈溶液 100μL,混匀,室温放置 1h,加入正己烷 400μL,快速混匀器振荡混匀后,静置 10min,用注射器吸取下层溶液,经 0.45μm 滤膜过滤后进样进行色谱分析。

4. 进样分析

取衍生化完以后的氨基酸对照品和供试品溶液上机测试,进样 2μL,记录谱图峰面积,以正亮氨酸为内标,按照内标法计算样品中各氨基酸的含量。

5. 氨基酸组成和营养分析

根据 1973 年 WHO/FAO 提出的蛋白质评价方法(FAO/WHO,1973),分别计算必需氨基酸与总氨基酸的百分比值(E/T)、必需氨基酸与非必需氨基酸的比值(E/N),将这两个值与推荐值比较,得出所含氨基酸是否符合理想蛋白质要求。根据 WHO/FAO 氨基酸标准模式谱,计算 Thr、Val、Leu、Ile、Lys、Phe+Tyr、Met+Cys,与总氨基酸的百分比含量进行比较可知是否符合人体蛋白质组成标准,判断其营养价值。计算味觉氨基酸(鲜味、甜味、芳香族)、药效氨基酸、支链氨基酸等功能氨基酸的含量。

5.3.3 氨基酸标准谱图与样品谱图比对

氨基酸的标准谱图为图 5-3(a),样品谱图为图 5-3(b)和 5-3(c),16 号峰为正亮氨酸的内标峰。由色谱图出峰时间定性,无籽刺梨与野生刺梨均无 13 号胱氨酸的色谱峰,均含有 16 种氨基酸,色氨酸被酸水解破坏均未测出(邹元峰等,2010)。按照出峰顺序依次为:天冬氨酸(Asp)、谷氨酸(Glu)、丝氨酸(Ser)、甘氨酸(Gly)、组氨酸(His)、精氨酸(Arg)、苏氨酸(Thr)、丙氨酸(Ala)、脯氨酸(Pro)、酪氨酸(Tyr)、缬氨酸(Val)、蛋氨酸(Met)、异亮氨酸(Ile)、亮氨酸(Leu)、正亮氨酸(Nle)、苯丙氨酸(Phe)、赖氨酸(Lys)。

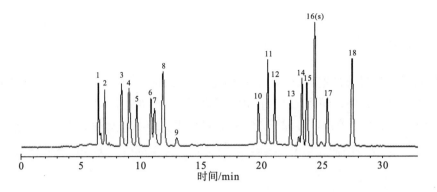

(a)氨基酸对照品

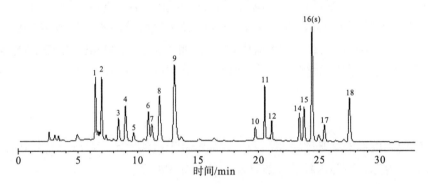

(b)无籽刺梨样品

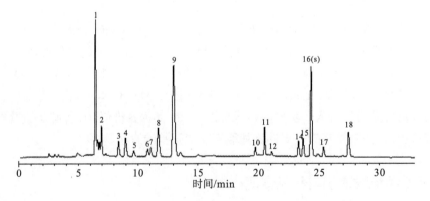

(c)野生刺梨样品

图 5-3   HPLC 色谱图

5.3.4　氨基酸组成与含量

由氨基酸含量分析可知，无籽刺梨与野生刺梨均含有人体必需氨基酸 7 种（Thr、Val、Phe、Met、Ile、Leu、Lys）。两种植物的果期存在差异，无籽刺梨晚于野生刺梨的成熟期。分析结果显示，无籽刺梨的总氨基酸含量高于野生刺梨，为 68.92 mg/g（表 5-10）。

表 5-10　刺梨与无籽刺梨果实氨基酸组成与含量

氨基酸	野生刺梨/(mg/g)	无籽刺梨/(mg/g)
Asp [cd]	6.88	6.34
Glu [cd]	7.04	7.73
Ser [c]	1.90	3.42
Gly [cd]	2.32	4.62
His [b]	1.06	1.21
Arg [bd]	4.36	4.29
Thr [a]	3.13	4.35
Ala [c]	2.67	9.85
Pro [c]	5.40	1.16
Tyr [cd]	1.30	2.49
Val [ae]	2.97	3.72
Met [ad]	1.45	0.86
Ile [ae]	3.15	3.91
Leu [ade]	3.77	5.23
Phe [acd]	1.66	3.67
Lys [ad]	4.12	6.07
T	53.18	68.92
E	20.25	27.81
N	32.93	41.11
CE	5.42	5.50
(E/T)/%	38.08	40.35
(E/N)/%	0.61	0.68
(CE/T)/%	10.19	7.98
味觉氨基酸	32.06	39.28
药效氨基酸	32.90	41.30
支链氨基酸	9.89	12.86

注：a-人体必需氨基酸；b-儿童必需氨基酸；c-味觉氨基酸；d-药效氨基酸；e-支链氨基酸。T-总氨基酸；E-必需氨基酸；N-非必需氨基酸；CE-儿童必需氨基酸。

5.3.5 氨基酸的组成分析

1. 必需氨基酸比例

FAO/WHO 在 1973 年提出的理想蛋白质的标准：E/T 在 40%左右，E/N 在 0.60 以上 (FAO/WHO，1973)。根据表 5-10 分析，无籽刺梨人体必需氨基酸的含量高于野生刺梨，而儿童氨基酸则略低于野生刺梨。无籽刺梨成熟果实中的 E/T 值为 40.35%，E/N 值为 68%，无籽刺梨中的蛋白质接近理想蛋白质的要求。野生刺梨的 E/T 值与 E/N 值分别为 38.08%、61%，略低于无籽刺梨，但也接近理想蛋白质组成。两种植物的儿童氨基酸含量比较，野生刺梨为 10.49%，高于无籽刺梨的 7.52%。

2. 人体必需氨基酸比例与模式谱的比较

由表 5-11 可知，与氨基酸模式谱比较，无籽刺梨的 Met+Cys 低于氨基酸模式谱，其他指标基本符合 WHO/FAO 氨基酸标准。野生刺梨中 Met+Cys 低于模式谱，而 Phe+Tyr 接近于模式谱要求。Lys 为人体第一限制性氨基酸，缺乏 Lys 会影响其他体内蛋白的合成，影响大脑发育(张甲生等，2001)。总体上两种植物中 Lys 的量均高于 WHO/FAO 氨基酸模式谱，但无籽刺梨中的 Lys 含量略高于野生刺梨。其丰富的赖氨酸含量也是现在保健食品的依据之一。

表 5-11   人体必需氨基酸的比例与 WHO/FAO 氨基酸模式谱的比较

氨基酸	WHO/FAO 模式谱	无籽刺梨	野生刺梨
Thr	4.00	6.31	5.89
Val	5.00	5.40	5.58
Leu	7.00	5.67	5.92
Ile	4.00	7.59	7.09
Lys	5.50	8.81	7.75
Phe+Tyr	6.00	8.94	5.57
Met+Cys	3.50	1.25	2.73

注：未检出 Cys，仅为 Met 的含量。

5.3.6 药效氨基酸分析

药效氨基酸有 Asp、Glu、Gly、Met、Leu、Tyr、Phe、Lys、Arg 9 种(许重远等，2000)，这些氨基酸在人体的正常生理活动中发挥着重要的作用。其中的 Asp 能缓解疲劳(陈宗礼等，2012)；Glu 通过合成谷氨酰胺解除氨毒害，具有健脑益智的作用(潘学军等，2010)；Arg 能增强免疫、促进胰岛素释放从而治疗糖尿病(桑军亮和田科雄，2010)；Gly 具有抗炎、护肝、提高运动能力的作用(宋彦梅等,2003);Met 能预防脂肪肝(张伟敏等,2008);Leu 能调节蛋白质代谢(陈浩等,2014);而 Lys 是组成人体蛋白质的必需氨基酸之一,人体不能自身合成,必须从食物中摄取补充(田颖等,2014)。无籽刺梨与野生刺梨中的药效氨基酸分别为 41.3mg/g、32.9mg/g,药效氨基酸的含量都在总氨基酸的 60%左右。由于特殊功效氨基酸的存在,两种植物在医疗保健食品方面具有很广阔的开发前景。

5.3.7　味觉氨基酸分析

　　氨基酸是维系人体生命活动的重要物质,它不仅具有各种生理功能,还在食品的呈味方面扮演着十分重要的角色(廖兰等,2009)。Asp、Glu 是两种主要的呈鲜味游离氨基酸,它们的含量是影响食物特征性风味的主要因素(刘源等,2017);甜味氨基酸有 Ala、Gly、Ser、Pro,它们的含量决定着食物的甜美程度(王彬等,2009);芳香族氨基酸有 Phe、Tyr 为苦味氨基酸(武彦文和欧阳杰,2001),它们在低于呈味阈值时可增强其他氨基酸的鲜味和甜味(Hanifah et al.,2005)。由表 5-12 可知,无籽刺梨与野生刺梨的鲜味氨基酸分别为 14.07mg/g、13.92mg/g,两者的鲜味氨基酸的含量很接近。但是无籽刺梨的甜味类氨基酸和芳香类氨基酸均优于野生刺梨(无籽刺梨的甜味氨基酸为 19.05mg/g,芳香类氨基酸为 6.16mg/g;野生刺梨的甜味氨基酸为 12.29mg/g,芳香氨基酸为 2.96mg/g)。目前,无籽刺梨与野生刺梨可加工果脯、果汁、果酱等食品,除了含有丰富的 VC、SOD 等营养成分以外(付晓慧等,2012),其自身味道也是一个重要的因素,而它们所含的味觉氨基酸对果实独特风味的形成过程有较高贡献(鲁敏等,2015)。

表 5-12　味觉氨基酸含量　　　　　　　　　　(单位：mg/g)

名称	鲜味类			甜味类					芳香类		
	Asp	Glu	Asp+ Glu	Ala	Gly	Ser	Pro	Ala+Gly+Ser+Pro	Phe	Tyr	Phe+Tyr
无籽刺梨	6.34	7.73	14.07	9.85	4.62	3.42	1.16	19.05	3.67	2.49	6.16
野生刺梨	6.88	7.04	13.92	2.67	2.32	1.9	5.4	12.29	1.66	1.30	2.96

5.3.8　支链氨基酸分析

　　支链氨基酸(branched chain amina acid,BCAA)包括 Leu、Ile 和 Val,BCAA 能以相当快的速率转氨基,且氧化产生 ATP 的效率高,它的所有作用都是建立在其供能基础之上的(徐运杰和方热军,2008)。因此,有研究证实,支链氨基酸能有效改善应激状态下机体糖利用障碍以及创伤后机体氮平衡、减少骨骼肌蛋白分解代谢(Zhang et al.,2004;顾军等,2004);可减轻病人肝性脑病的程度,减轻肝的负担,维护肝功能(杨晓军等,2012);还能提高运动耐力、恢复肌肉疲劳、保护心脏(刘建红等,2005)。故 BCAA 被推荐用于肝性脑病、感染、创伤等应激病人的营养治疗(杨晓军等，2012)。无籽刺梨中支链氨基酸的含量为 12.86mg/g，野生刺梨中的支链氨基酸为 9.89mg/g(表 5-10)。其丰富的支链氨基酸含量在护肝保健品等领域值得人们深入开发及研究。

本研究采用高效液相色谱法测定的味觉氨基酸的组成，无籽刺梨与野生刺梨的鲜味氨基酸的含量很接近，有学者采用氨基酸分析仪分析表明，野生刺梨具有更高的营养价值(鲁敏等，2015)，这可能与供试材料有关，前者采用的"贵农 5 号"刺梨是从野生刺梨优良单株无性系选育出的新品种，丰产性和品质均高于野生刺梨(樊卫国等，2011)，本研究材料取自野生刺梨。因为其自身的果实特性，综合营养保健价值和经济效益，无籽刺梨在药食领域有着很好的发展前景。

5.4　本章总结

本章节建立了以 HPLC 法同时测定无籽刺梨果实中三种黄酮类成分含量的方法，这三种化合物分别为芦丁、槲皮素和山柰酚，该方法能够较为准确、稳定地测定无籽刺梨果实中主要黄酮类成分的含量。对比无籽刺梨果实中黄酮类化合物由于地理环境的地域分异规律差异而产生的含量差异，结合无籽刺梨各种植基地地区土壤环境因子进行 RDA 分析，结果显示，土壤有机质含量是差异产生的主导原因，在以后的种植管护过程中应注重有机肥料的施加。

通过氨基酸对比分析，无籽刺梨各种类型的氨基酸的总量高于野生刺梨。与 WHO/FAO 氨基酸模式谱比较，无籽刺梨与野生刺梨中 Cys+Met 不符合模式谱，其他的基本符合氨基酸模式谱要求。总体上比较，无籽刺梨与野生刺梨的氨基酸组成都接近理想蛋白质，与人的蛋白质组成相似，均具有很高的营养价值。

参考文献

敖芹，谷晓平，于飞，等，2013. 贵州刺梨气候适宜性研究[J]. 中国农学通报，29(34)：177-185.

陈浩，毛湘冰，陈代文，等，2014. 亮氨酸调节哺乳动物脂肪代谢的研究进展[J]. 动物营养学报，26(7)：1723-1727.

陈宗礼，贺晓龙，张向前，等，2012. 陕北红枣的氨基酸分析[J]. 中国农学通报，28(34)：296-303.

樊卫国，向显衡，安华明，等，2011. 刺梨新品种'贵农 5 号'[J]. 园艺学报，38(8)：1609-1610.

付慧晓，王道平，黄丽荣，等，2012. 刺梨和无籽刺梨挥发性香气成分分析[J]. 精细化工，29(9)：875-878.

顾军，李宁，吴国豪，等，2004. 支链氨基酸对创伤后代谢影响的研究[J]. 肠外与肠内营养，11(2)：93-96.

郭鹤男，等，2012. 高效液相色谱-质谱分析指导下制备黄芩中系列黄酮成分对照品[J]. 色谱，30(7)：690-695.

李小鑫，罗昱，梁芳，等，2013. 浑浊型刺梨果汁饮料配方及其稳定性研究[J]. 食品与发酵工业，39(7)：216-222.

廖兰，赵谋明，崔春，2009. 肽与氨基酸对食品滋味贡献的研究进展[J]. 食品与发酵工业，35(12)：107-113.

刘春梅，张守义，代亨燕，等，2011. 响应面分析法确定刺梨醋的加工工艺[J]. 中国调味品，36(1)：40-44.

刘建红，周志宏，黄金丽，等，2005. 补充支链氨基酸对划船运动员不同负荷运动后血丙氨酸、葡萄糖及乳酸的影响[J]. 中国运动医学杂志，24(2)：132-136.

刘源，王文利，张丹妮，2017. 食品鲜味研究进展[J]. 中国食品学报，17(9)：1-10.

鲁敏，安华明，赵小红，2015. 无籽刺梨与刺梨果实中氨基酸分析[J]. 食品科学，36(14)：118-121.

梅忠，孙健，孙恺，等，2014. 大豆异黄酮的保健功效、生物合成及种质发掘与遗传育种[J]. 核农学报，28(7)：1208-1213.

潘学军，张文娥，刘伟，等，2010. 贵州核桃种仁脂肪酸和氨基酸含量分析[J]. 西南农业学报，23(2)：497-501.

桑军亮，田科雄，2010. 精氨酸的生理作用及其在动物生产中的应用[J]. 养殖与饲料，7：70-74.

宋彦梅，尹秋响，王静康，2003. 甘氨酸的应用及生产技术[J]. 氨基酸和生物资源，25(2)：55-60.

田颖，彭景，陈玉，2014. 人体赖氨酸需要量的研究进展[J]. 现代预防医学，41(1)：22-24，27.

王彬，蔡永强，郑伟，2009. 火龙果果实氨基酸含量及组分分析[J]. 中国农学通报，25(8)：210-214.

武彦文，欧阳杰，2001. 氨基酸和肽在食品中的呈味作用[J]. 中国调味品，1(1)：21-24.

徐运杰，方热军，2008. 支链氨基酸的抗疲劳作用[J]. 氨基酸和生物资源，30(1)：65-69.

许重远，陈振德，陈志良，等，2000. 金毛狗脊氨基酸的含量测定[J]. 药学实践杂志，18(5)：299-300.

杨皓，范明毅，李婕羚，等，2016a. 喀斯特山区无籽刺梨种植基地土壤酶活性与肥力因子的关系[J]. 山地学报，34(1)：28-37.

杨皓，范明毅，李婕羚，等，2016b. 喀斯特山区无籽刺梨种植基地土壤质量特性[J]. 江苏农业科学，44(3)：385-389.

杨晓军，冯涛，马玉杰，等，2012. 高支链氨基酸肠外营养支持对危重症病人肝肾功能保护作用的临床对照研究[J]. 肠外与肠内营养，19(6)：347-350.

姚敏，谭书明，张少才，等，2014. 刺梨干酒发酵前后有效成分变化[J]. 食品与发酵工业，40(10)：123-127.

叶兴乾，徐贵华，方忠祥，等，2008. 柑橘属类黄酮及其生理活性[J]. 中国食品学报，8(5)：1-7.

张丹，韦广鑫，王文，等，2016. 安顺普定刺梨与无籽刺梨营养成分及香气物质比较研究[J]. 食品工技，37(12)：149-154，177.

张甲生，房林相，2001. 四化大米中氨基酸含量与营养评价[J]. 农业与技术，21(2)：44-45.

张伟敏，魏静，施瑞诚，等，2008. 诺丽果与热带水果中氨基酸含量及组成对比分析[J]. 氨基酸和生物资源，30(3)：37-41.

张元梅，周志钦，孙玉敬，等，2012. 高效液相色谱法同时测定柑橘果实中 18 种类黄酮的含量[J]. 中国农业科学，45(17)：3558-3565.

赵雪巍，等，2015. 黄酮类化合物的构效关系研究进展[J]. 中草药，46(21)：3264-3271.

邹元锋，陈兴福，杨文钰，等，2010. 不同生长年限党参氨基酸组分分析及营养价值评价[J]. 食品与发酵工业，36(6)：146-150.

FAO/WHO，1973. Energy and protein requirements：report of the Joint FAO/WHO Ad Hoc Expert Committee[J]. FAO Nutrition Meeting Report Series No.52，Rome and WHO Technical Report Series No.522，Geneva.

HANIFAH N L, ANTON A, KENSAKU T, et al., 2005. Umami taste enhancement of SMG/NaCl mixtures by subthreshold L-a-Aromatic amino acids[J]. Journal of Food Science，70 (7) ：401-405.

ZHANG X J, CHINKES D L, WOLFE R R, 2004. Leucine supplementation has an anabolic effect on proteins in rabbit skin and muscle[J]. Journal of Nutrition，134(12)：3313-3318.

ZHANG Y, CHINKES D L, WOLFE R R, et al., 2010. Dietary flavonol and flavone intakes and their major food sources in Chinese adults[J]. Nutrition & Cancer，62(8)：1120-1127.

第6章　无籽刺梨果实品质评价

果实品质是无籽刺梨生产最重要的经济指标，果实品质评价是优质无籽刺梨种植基地建设的重要环节，果实品质状况影响其品质区划，提高果实品质是无籽刺梨产业发展的需要，如何科学、客观、准确地评价当前无籽刺梨果实品质是亟待解决的问题，针对其果实品质现状如何提升果实品质、口感以及药用价值是无籽刺梨产业发展的重要方向(李婕羚等，2016)。果实品质由果品的外观及内在两个方面决定，根据所评价水果种类的不同，评价指标较复杂且主次难分，近年来有学者利用多元统计方法对果树果实品质进行了分析和评价(雷莹等，2008)。目前，有关无籽刺梨果实品质综合评价未见报道。本研究对贵州省14个无籽刺梨种植基地进行调查、选材，选取无籽刺梨果实外观和内在共10个品质指标，通过多元统计的方式归纳出合适的评价标准，并在此基础上进行无籽刺梨果实品质的综合评价和分析，为无籽刺梨资源的进一步开发利用提供科学依据。

果实品质很大程度上取决于含糖酸的种类和数量，它们既是水果中的重要营养物质，也是重要的风味物质(张海英等，2008)。甜和酸是水果最重要的口味感觉，是糖和酸共同作用的综合结果，其中，糖指可溶性糖，酸指可滴定酸(Majidi et al.，2011)。已有研究表明，可溶性糖含量、可滴定酸含量、糖酸比、固酸比这四项是常用的水果风味品质评价指标(郑丽静等，2015；聂继云等，2013；Majidi et al.，2011)。果实积累的可溶性糖主要有葡萄糖、果糖、蔗糖等，其中果糖的甜度最高，葡萄糖的风味最好；有机酸以苹果酸、柠檬酸、富马酸、酒石酸等为主，其含量与组分的差异可以被视为测量水果收获后衰老过程的重要的参数(Sun et al.，2013；Mikulic et al.，2012；Fattahi et al.，2009)。可溶性固形物指果实中能溶于水的糖、酸、维生素、矿物质等，是反映果实中主要营养物质多少的指标。随着水果的成熟，可溶性固形物含量升高，酸的含量减少，水果风味会得到较大提升。常用可溶性固形物与可滴定酸含量的比值来评价水果果实风味和成熟度(Tan et al.，2013；刘科鹏等，2012)。

6.1　不同种植地无籽刺梨的果实品质

6.1.1　无籽刺梨果实品质指标分析

外观品质观测包括单果质量、果实的纵径、果实的横径、果形指数、单枝结果数等(邓佳等，2015)。采用电子天平称重测定单果质量，游标卡尺测定果实的纵径、横径，果形指数以果实纵径和横径的比值表示(李婕羚等,2016)。内在品质决定果实的风味和营养价值。内在品质测定主要选取可溶性固形物、总可溶性糖、可滴定酸、可溶性蛋白质、干物质、可食率以及果实风味评价等指标。分析测定均采用《果蔬采后生理生化实验指导》中的实验方法(曹建康等,2007)。

以乡镇为单位,对贵州 14 个无籽刺梨种植地进行实地调研并对其果实进行品质分析,选取果形指数、平均单果重、干物质、可食率、可溶性固形物、可溶性蛋白质、可溶性糖、可滴定酸、固酸比和糖酸比 10 个指标,如表 6-1 所示。

表 6-1　贵州 14 个无籽刺梨种植地果实品质分析

编号	果形指数	平均单果重/g	干物质/%	可食率/%	可溶性固形物/%	可溶性蛋白质/(mg/g)	可溶性糖/%	可滴定酸/%	固酸比	糖酸比
1	1.06 a	4.74 fgh	21.14 ef	94.69 ab	22.50 defg	0.49 a	42.13 b	1.57 e	14.33 bc	26.83 bc
2	0.91 a	9.67 b	19.83 f	94.6 ab	21.00 fg	0.37 bc	33.02 de	1.38 g	15.22 b	23.93 bc
3	0.94 a	4.53 gh	24.69 a	93.88 ab	26.50 bcd	0.33 bc	37.65 cd	1.86 d	14.25 cd	20.24 cd
4	1.08 a	9.38 c	24.45 ab	94.54 a	29.00 a	0.42 ab	38.61 c	1.57 ef	18.47 a	24.59 a
5	1.06 a	9.06 c	23.24 bc	92.92 ab	26.50 ab	0.32 c	47.81 a	2.24 b	11.83 ef	21.34 ef
6	1.06 a	4.85 fg	21.10 de	93.13 ab	22.50 efg	0.21 d	28.27 g	1.43 fg	15.73 b	19.77 b
7	1.15 a	10.51 a	20.87 ef	90.44 b	24.0 bcdeg	0.39 bc	43.97 b	2.10 c	11.43 f	20.94 f
8	1.03 a	10.7 a	19.79 f	95.39 ab	26.00 abc	0.33 bc	43.4 b	2.33 b	11.16 f	18.63 f
9	1.06 a	4.61 gh	19.79 f	92.89 ab	23.00 cdef	0.31 c	34.97 de	1.79 d	12.85 de	19.54 de
10	1.07 a	7.95 d	21.42 de	89.18 ab	22.50 defg	0.33 bc	17.55 h	2.71 a	8.30 g	6.48 g
11	1.03 a	4.24 h	22.55 cd	91.26 b	24.00 def	0.19 d	31.79 ef	1.66 e	14.46 bcd	19.15 bc
12	1.05 a	5.07 f	22.07 de	91.13 b	20.00 g	0.36 bc	27.24 fg	1.83 d	10.93 f	14.89 f
13	1.10 a	7.1 e	22.96 cd	94.23 ab	24.00 bcde	0.39 bc	36.88 cd	2.07 c	11.59 f	17.82 ef
14	1.18 a	9.18 c	23.19 bc	96.08 ab	24.50 bcde	0.50 a	43.66 b	2.32 b	10.56 f	18.82 f

注: 表内同列数字后不同英文字母表示差异达到显著水平,$P \leqslant 0.05$。

6.1.2　无籽刺梨果实评价因素主成分分析

采用隶属函数法对原始测定数据进行归一化:正相关指标(果形指数、平均单果重、干物质、可食率、可溶性固形物、可溶性蛋白质、可溶性糖、固酸比和糖酸比)依据式(6-1),负相关指标(可滴定酸)依据式(6-2)。然后依据式(6-3)计算欧氏距离将各种植地 10 维指标降为一维数据,定义所得一维数据为无籽刺梨综合评价指标 Y_i。

$$U_{in} = \frac{X_{in} - X_{i\min}}{X_{i\max} - X_{i\min}} \tag{6-1}$$

$$U'_{in} = 1 - \frac{X_{in} - X_{i\min}}{X_{i\max} - X_{i\min}} \tag{6-2}$$

$$Y_i = \sqrt{\sum_{k=1}^{10} z_{ik}^2} \tag{6-3}$$

式中，U_{in} 和 U'_{in} 分别指第 n 个地区第 i 个指标原始数据经式(6-1)、式(6-2)归一化后的隶属函数值；X_{in} 指第 n 个地区第 i 个指标原始测定值，$X_{i\,min}$ 和 $X_{i\,max}$ 分别指样品组中第 i 个指标最小和最大的测定值，$1 \leqslant i \leqslant 14$；$Y_i$ 为第 i 个样品无籽刺梨综合指标，$1 \leqslant i \leqslant 14$；$Z_{ik}$ 为第 i 个地区归一化后第 k 个初始指标，$1 \leqslant i \leqslant 14$。

　　通过对 14 个种植地区无籽刺梨的 10 个品质指标的原始测定数值经隶属函数归一化后进行相关分析，结果如表 6-2 所示：可溶性固形物与干物质、可溶性蛋白质与果形指数、可溶性糖与可食率和可溶性固形物、糖酸比可食率和可滴定酸呈显著正相关，可滴定酸与果形指数呈显著负相关($P<0.05$)；固酸比与可滴定酸、糖酸比与可溶性糖和固酸比呈显著正相关($P<0.01$)。由于各指标间相关性存在，故有必要选取具有代表性的评价指标，消除变量间的相关性，降低数据处理的冗余性。

表 6-2　无籽刺梨主要品质指标相关系数

指标	果形指数	平均单果重	干物质	可食率	可溶性固形物	可溶性蛋白质	可溶性糖	可滴定酸	固酸比	糖酸比
果形指数	1									
平均单果质量	0.062	1								
干物质	0.167	-0.099	1							
可食率	-0.049	0.128	0.153	1						
可溶性固形物	0.179	0.203	0.594*	0.335	1					
可溶性蛋白质	0.552*	0.224	0.170	0.471	0.125	1				
可溶性糖	0.389	0.375	0.151	0.573*	0.543*	0.424	1			
可滴定酸	-0.540*	-0.517	-0.032	0.270	-0.175	-0.153	-0.017	1		
固酸比	-0.445	-0.450	0.201	0.382	0.307	-0.106	0.140	0.860**	1	
糖酸比	-0.080	-0.082	0.098	0.605*	0.343	0.259	0.715**	0.661*	0.739**	1

注：*和**分别在 0.05 水平和 0.01 水平上显著相关。

　　将表 6-2 中 14 个种植地区的 10 个主要指标归一化后进行主成分分析。从 KMO 和 Bartlett 的检验结果得到 KMO=0.2804，sig=0.000，小于显著水平 0.05，较适合做主成分分析。结果表明，前 4 个主成分(特征值>1)累计贡献率达到 88.71%，说明 4 个主成分所含信息可以反映总体信息的 88.71%，充分满足分析要求。由各特征向量值可以看出(表 6-3)，决定第一主成分大小的主要有果形指数、可溶性蛋白质、平均单果重；决定第二主成分大小的主要有可溶性固形物、可溶性蛋白质、固酸比；决定第三主成分大小的主要有可滴定酸、可溶性糖、糖酸比；决定第四主成分大小的主要有糖酸比、固酸比、可食率、可溶性糖。其中，可溶性蛋白质和可溶性固形物在第一、二主成分中出现，可溶性糖在第

三、四主成分中出现，固酸比在第二、四主成分中出现，糖酸比在第三、四主成分中出现。上述指标大部分属于内在风味指标，说明无籽刺梨果实的内在风味品质在品质评价中具有重要作用。

表 6-3　10 个主成分的特征向量、特征值、贡献率及累计贡献率

变量	PCA1	PCA2	PCA3	PCA4	PCA5	PCA6	PCA7	PCA8	PCA9	PCA10
果形指数(X_1)	0.5541	−0.0594	0.0089	−0.0262	−0.0708	0.1201	0.4502	0.6218	−0.3984	0.0702
平均单果重(X_2)	−0.6259	0.0321	−0.0032	−0.0462	0.4590	0.0456	0.3831	0.5010	0.1688	−0.2696
干物质(X_3)	0.0753	−0.4605	−0.1114	0.1922	0.3663	−0.0514	0.1576	−0.0183	0.3650	0.7254
可食率(X_4)	−0.0303	−0.2846	−0.0421	0.4111	−0.6445	0.0626	0.1360	0.1985	0.5103	−0.2485
可溶性固形物(X_5)	−0.3447	0.5061	0.2561	0.3197	−0.2762	0.3681	0.2602	−0.0814	−0.1532	0.5023
可溶性蛋白质(X_6)	0.4635	0.4671	0.1107	0.1843	0.3277	−0.0526	0.3833	−0.2855	0.4451	−0.2274
可溶性糖(X_7)	−0.1335	−0.3522	0.3514	0.4009	0.0357	−0.4713	0.3511	−0.3281	−0.4313	−0.1865
可滴定酸(X_8)	0.1344	−0.1486	0.6510	0.3241	0.2973	0.3793	−0.4621	0.2155	0.0222	−0.1256
固酸比(X_9)	0.0087	0.3808	−0.1487	0.4241	0.0448	−0.6202	−0.3521	0.4158	−0.0183	0.1344
糖酸比(X_{10})	0.0046	−0.0316	−0.6434	0.5203	0.2213	0.4261	−0.0591	−0.1539	−0.2865	−0.1965
特征值	3.4656	3.0197	1.4192	1.1054	0.6831	0.3575	0.2668	0.0862	0.0075	0.0005
贡献率/%	35.0945	31.5472	13.8591	11.2267	6.8309	3.5752	2.6063	0.8043	0.0755	0.0048
累计贡献率/%	35.4316	65.6284	76.8176	88.7050	95.3669	98.9809	105.6801	102.4197	105.0951	106.6000

主成分分析图可以直观地表现出不同种植地无籽刺梨果实品质状况，各种植地的横坐标和纵坐标值越大，其相应的果实品质就越好。由图 6-1 可知，以横轴排序 YZ、XB、HL、HF、NG、SC、MG 较其他无籽刺梨种植地高，以纵轴排序 MG、SC、JC、LG、JZ、HL、XB、YZ、SP 较其他无籽刺梨种植地高。

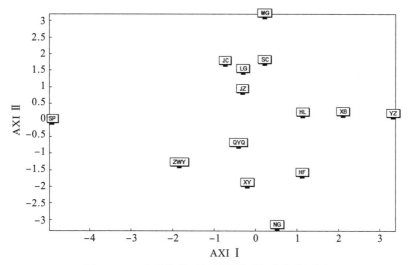

图 6-1　14 个种植地无籽刺梨品质主成分分析图

6.2　不同种植地无籽刺梨果实品质综合分析

由上文可知，前 4 个主成分已基本保留了所有指标的原有信息(表 6-4)，可以由 4 个变量 F_1、F_2、F_3、F_4 来代替原有的 10 个指标，但由于各主成分的贡献率不同，所以在对不同种植地无籽刺梨果实品质进行综合评价时还需结合主成分贡献率，则得出线性组合(其中 $X_1 \sim X_{10}$ 均为经隶属函数转化后的变量)分别为

$F_1 = 0.5541X_1 - 0.6259X_2 + 0.0753X_3 - 0.0303X_4 - 0.3447X_5 + 0.4635X_6 - 0.1335X_7 + 0.1344X_8$
　　　$+ 0.0087X_9 + 0.0046X_{10}$；

$F_2 = -0.0594X_1 + 0.0321X_2 - 0.4605X_3 - 0.2846X_4 + 0.5061X_5 + 0.4671X_6 - 0.3522X_7 - 0.1486X_8$
　　　$+ 0.3808X_9 - 0.0316X_{10}$；

$F_3 = 0.0089X_1 - 0.0032X_2 - 0.1114X_3 - 0.0421X_4 + 0.2561X_5 + 0.1107X_6 + 0.3514X_7 + 0.651X_8$
　　　$- 0.1487X_9 - 0.6434X_{10}$；

$F_4 = -0.0262X_1 - 0.0462X_2 + 0.1922X_3 + 0.4111X_4 + 0.3197X_5 + 0.1843X_6 + 0.4009X_7 + 0.3241X_8$
　　　$+ 0.4241X_9 + 0.5203X_{10}$。

表 6-4　14 个种植地综合评价变量、分值及感官评价分值

编号	F_1	F_2	F_3	F_4	Y_i	G_i
1	0.621356	0.003961	0.291818	1.962147	2.151743479	4.75
2	-0.238638	0.048429	0.290257	1.650396	2.002498439	4.60
3	-0.430366	-0.176176	0.242174	1.816271	2.128379665	4.77
4	0.430447	0.170856	0.311929	2.364763	2.537715508	4.80
5	-0.219544	-0.189439	0.203329	1.609614	1.972308292	4.21
6	-0.023685	-0.102952	0.271538	1.464137	1.565247584	3.70
7	0.005206	0.078561	0.266945	1.294403	1.989974874	4.10
8	-0.498151	0.073714	0.267544	1.418359	1.920937271	4.19
9	0.351945	0.014785	0.256284	1.325722	1.483239697	3.66
10	0.098700	0.212272	0.093063	0.191362	1.014889157	3.67
11	0.190995	-0.232237	0.233130	1.352485	1.516575089	3.82
12	0.545348	-0.192451	0.275997	0.951509	1.300000000	3.50
13	0.279258	-0.187867	0.231214	1.472518	1.813835715	3.87
14	0.320017	-0.198053	0.204926	1.665598	2.349468025	4.67

以 4 个主成分因子 F_1、F_2、F_3 和 F_4 为自变量，无籽刺梨综合评价分值 Y_i 为因变量，采用逐步回归方法建立多元线性回归方程。进入值为 0.05，移出值为 0.1。由于 F_1、F_2 和 F_3 对因变量 Y_i 贡献小，显著性 sig 分别为 0.456、0.386、0.163，均大于 0.05 被剔除，最后 F_4 一个自变量被保留，得到逐步回归方程为 $Y = -0.738 + 0.751F_4$。

由模型系数表(表 6-5)可看出,其显著性水平 sig=0.000,小于 0.05,说明自变量对因变量影响效果存在显著线性关系。回归模型的拟合优度 R=0.893,决定系数 R_2=0.797,调整后 R_2=0.780,标准误差估计值为 0.19650,说明模型拟合度较高,随机估计误差值较小,能满足实际需求。根据模型回归方程分解及 F 检验结果显示,回归方程的 F 统计量为 F=47.052,系统自动检验的显著性水平 sig=0.000,小于 0.001。经计算 $F(0.05,1,12)$=4.7472,$F(0.01,1,12)$=9.3302,$F(0.001,1,12)$=18.6433,均小于回归模型 F 统计值,因此可以认为所建立的回归方程线性关系极显著,使用该模型评价无籽刺梨果实品质是有效的,评价指标 $X_1 \sim X_{10}$ 对模型的贡献排序为 $X_{10}>X_9>X_4>X_7>X_8>X_5>X_3>X_6>X_1>X_2$。将 F_4 替换为初始自变量 $X_1 \sim X_{10}$,整理得无籽刺梨综合指标的回归模型为 Y=0.738−0.0196762X_1−0.0346962X_2+0.1443422X_3+0.3087361X_4+0.2400947X_5+0.1384093X_6+0.3010759X_7+0.2433991X_8+0.3184991X_9+0.3907453X_{10}。

表 6-5　无籽刺梨综合评价模型系数

模型	非标准化系数		标准系数	t	sig
	回归系数	标准误差	试用		
常量	0.738	0.169		4.369	0.001
F_4	0.751	0.109	0.893	6.859	0

对建模的 14 个种植地的无籽刺梨综合评价指标进行排序(表 6-4),排序为 YZ>MG>XB>HL>HF>JC>SC>LG>JZ>NG>XY>QYQ>ZWY>SP。采用 K-means 算法对 14 个种植地区无籽刺梨果实品质综合分值进行聚类分析,设置 k=4,当聚类中心内没有改动或改动较少而达到收敛时迭代停止,迭代次数为 3,初始中心间的最小距离为 0.386,将 14 个地区无籽刺梨果实品质划分为优质、良好、一般和较差四类(表 6-6)。

表 6-6　14 个无籽刺梨果实综合品质分类

聚类类别	分类标准	个数	研究区
优质	$Y_i \geqslant 2.34$	2	YZ、MG
良好	$1.81 \leqslant Y_i < 2.34$	7	XB、HL、HF、JC、SC、LG、JZ
一般	$1.30 \leqslant Y_i < 1.81$	4	NG、XY、QYQ、ZWY
较差	$Y_i < 1.30$	1	SP

6.3　本 章 总 结

内在风味品质指标在无籽刺梨果实品质评价中具有重要意义,通过隶属度函数对原始评价数据进行归一化,采用逐步回归模型来确定各指标在综合评价中的权重,并筛选出无籽刺梨综合评价体系中贡献最大的指标,分别为糖酸比、固酸比、可食率、可溶性糖;根

据其综合评价分值和聚类分析对 14 个产地无籽刺梨果实品质进行评价和分类，结果为
YZ > MG > XB > HL > HF > JC > SC > LG > JZ > NG > XY > QYQ > ZWY > SP，其中 YZ、
MG 两地为优质产地，XB、HL、HF、JC、SC、LG、JZ 为良好产地，NG、XY、QYQ、
ZWY 为一般产地，SP 产地较差。

　　无籽刺梨果实以及产生的次生产品在市场中的比重逐年上升，使得其质量成为人们关
注的焦点。随着人们生活水平的提高、健康意识的加强以及全球果业发展的影响，无籽刺
梨也将往绿色果品方向发展。

参 考 文 献

曹建康，姜微波，赵玉梅，2007. 果蔬采后生理生化实验指导[M]. 北京：中国轻工业出版社.

邓佳，张晓敏，严毅，等，2015. 田间不同水肥管理对葡萄柚果实外观品质的影响[J]. 西南农业学报，28(2)：761-767.

雷莹，张红艳，宋文化，等，2008. 利用多元统计法简化夏橙果实品质的评价指标[J]. 果树学报，25(5)：640-645.

李婕羚，胡继伟，李朝婵，2016. 贵州不同种植地区无籽刺梨果实品质评价[J]. 果树学报，33(10)：1259-1268.

刘科鹏，黄春辉，冷建华，等，2012. "金魁"猕猴桃果实品质的主成分分析与综合评价[J]. 果树学报，29(5)：867-871.

聂继云，毋永龙，李海飞，等，2013. 苹果品种用于加工鲜榨汁的适宜性评价[J]. 农业工程学报，29(17)：271-278.

史贵涛，2009. 痕量有毒金属元素在农田土壤—作物系统中的生物地球化学循环[D]. 上海：华东师范大学.

张海英，韩涛，许丽，等，2008. 果实的风味构成及其调控[J]. 食品科学，29(4)：464-469.

郑丽静，聂继云，闫震，2015. 糖酸组分及其对果实风味的影响研究进展[J]. 果树学报，32(2)：303-312.

FATTAHI J, FOTOUHI R, BAKHSHI D, et al., 2009. Fruit quality, anthocyanin, and cyanidin 3-glucoside concentrations of several
　　　blood orange varieties grown in different areas of Iran[J]. Horticultural, Environmental and Biotechnology, 50(4)：290-294.

MAJIDI H, MINAEI S, ALMASI M, et al., 2011. Total soluble solids, titratable acidity and repining index of tomato in various
　　　storage conditions[J]. Australian Journal of Basic and Applied Sciences, 5：1723-1726.

MIKULIC P M, SCHMITZER V, SLATNAR A, et al., 2012. Composition of sugars, organic acids, and total phenolics in 25 wild
　　　or cultivated berry species[J]. Journal of Food Science, 77(10)：1064-1070.

SUN X, ZHU A, LIU S, et al., 2013. Integration of metabolomics and subcellular organelle expression microarray to increase
　　　understanding the organic acid changes in post-harvest citrus fruit[J]. Journal of Integrative Plant Biology, 55(11)：1038-1053.

TAN W, TANG X, LI X, et al., 2013. Inheritance of the ratio of soluble solids and titratable acidity in berries of hybrids among Vitis
　　　species[J]. Journal of Food Agriculture and Environment, 11(3)：1454-1459.

第7章 重金属胁迫下无籽刺梨幼苗生长特征

前人对无籽刺梨在重金属胁迫下生理特征及耐性方面机理的研究较少。本试验以 1 年生的无籽刺梨幼苗为研究对象，通过盆栽试验，用不同浓度的 Hg、Cd 对幼苗根部进行灌溉处理，拟通过研究外源施加的 Hg、Cd 在不同浓度水平下对无籽刺梨植株生长发育的影响，揭示 Hg、Cd 的胁迫对无籽刺梨形态指标(苗高、地径、生物量、叶片气孔等)和无籽刺梨生理指标的影响，为繁殖培育无籽刺梨和指导无籽刺梨产业的更新提供科学依据。

7.1 材料与方法

7.1.1 试验材料

供试土壤与苗木均来自乌当区无籽刺梨基地，选取 210 株生长状况良好、长势均匀、生长力强、无病虫害的 1 年生扦插苗作为试验材料。同时测定其土壤基本理化性质及重金属含量背景值。

7.1.2 实验处理与指标测定

土壤取自无籽刺梨种植基地，首先混合原始土样，将 210 株基地无籽刺梨栽到盆里，带到实验室，分成 7 组，每组 30 株，实验盆栽放置自然光下培养，每天浇自来水补足散失的水分，大约 20d 到一个月左右，等到无籽刺梨幼苗完全存活，用 Hg、Cd 进行胁迫。1 号组为对照组，2 组、3 组、4 组用 Hg 进行胁迫，浓度分别为 1mg/L、5mg/L、25mg/L；5 组、6 组、7 组用 Cd 进行胁迫，浓度分别为 1mg/L、5mg/L、25mg/L；每天用自来水补足散失的水分，观察各胁迫组种苗生长状况，于 10d、20d、30d、40d 分别测定苗高、地径等形态指标以及过氧化物酶、过氧化氢酶、脯氨酸、丙二醛等生理指标(王学奎和黄见良，2015；武卫华等，2010)。

7.2 结果与分析

7.2.1 Hg、Cd 胁迫对无籽刺梨苗高生长量的影响

由图 7-1 可知，随着 Hg 浓度的增加，无籽刺梨苗高生长量受到明显的抑制作用，且

胁迫浓度越高抑制作用越明显。在不同处理浓度胁迫 10d 时，与对照相比，浓度为 25mg/L 的 Hg 胁迫明显对无籽刺梨幼苗苗高有抑制作用；胁迫到 20d 时，与对照相比，不同浓度的 Hg 对无籽刺梨幼苗生长有抑制作用，浓度为 1mg/L 的 Hg 与对照差别不大，随着浓度的升高抑制作用增强；胁迫到 30d 时，无籽刺梨幼苗生长受抑制程度随浓度升高不断增强；胁迫到 40d 时，无籽刺梨幼苗生长受抑制程度更强，Hg 胁迫浓度为 25mg/L 时几乎阻止了无籽刺梨幼苗的生长。

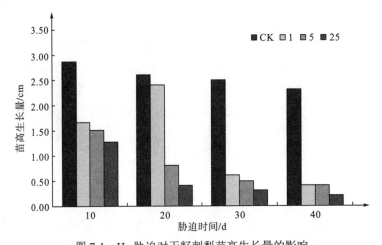

图 7-1　Hg 胁迫对无籽刺梨苗高生长量的影响

注：CK 代表对照；1、5、25 分别代表胁迫处理浓度为 1 mg/L、5 mg/L、25mg/L；

图中数据均为平均值，n=10；下同。

由图 7-2 可知，不同浓度的 Cd 胁迫对无籽刺梨幼苗产生不同的抑制作用，与对照相比，在不同浓度处理 10d 时，浓度为 1mg/L 的 Cd 处理无籽刺梨幼苗苗高生长略高于对照，浓度为 5mg/L、25mg/L 的 Cd 有一定的抑制作用；胁迫到 20～40d 时，与对照相比，不同浓度对无籽刺梨生长的抑制作用在不断加强，其中胁迫到 40d 时，浓度为 25mg/L 的 Cd 对无籽刺梨幼苗生长的抑制作用最强。

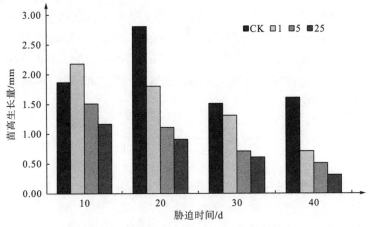

图 7-2　Cd 胁迫对无籽刺梨苗高生长量的影响

7.2.2　Hg、Cd 胁迫对无籽刺梨地径生长量的影响

由图 7-3 可知,在不同浓度 Hg 胁迫下,胁迫 10d 时,与对照相比,不同浓度的胁迫使无籽刺梨幼苗地径生长受到一定的抑制作用,浓度越高对幼苗地径生长的抑制作用越强;胁迫 20d 时,与对照相比浓度为 1mg/L 的 Hg 胁迫下对无籽刺梨幼苗地径生长略高于对照,浓度为 5mg/L、25mg/L 的 Hg 胁迫对无籽刺梨幼苗地径生长起抑制作用;胁迫 30d 时,与对照相比,不同浓度 Hg 胁迫对无籽刺梨幼苗生长起着抑制作用;胁迫 40d 时,与对照相比,浓度为 1mg/L、5mg/L、25mg/L 的 Hg 胁迫对无籽刺梨幼苗地径生长有着明显的抑制作用,其中浓度为 25mg/L 的 Hg 对无籽刺梨幼苗生长的抑制作用最强。

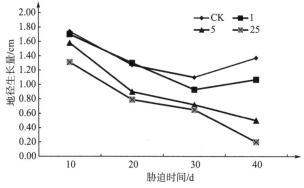

图 7-3　Hg 胁迫对无籽刺梨地径生长量的影响

不同浓度下的 Cd 胁迫对无籽刺梨地径的影响如图 7-4 所示,与对照相比,胁迫 10d 时,不同浓度的 Cd 胁迫使无籽刺梨幼苗地径的生长受到一定的抑制作用,浓度越大抑制作用越强;胁迫 20d 时,与对照相比,不同浓度的 Cd 胁迫对无籽刺梨地径生长的抑制作用在加强;胁迫 30d 时,各处理胁迫对无籽刺梨幼苗地径生长起明显抑制作用;胁迫 40d 时,与对照相比,不同浓度 Cd 胁迫抑制无籽刺梨地径的生长,协迫 40d 时,与对照相比,不同浓度梯度的 Cd 协迫抑制无籽刺梨地径的生长,其中浓度为 25mg/L 的 Cd 胁迫下的地径生长量仅为 0.02cm/d。

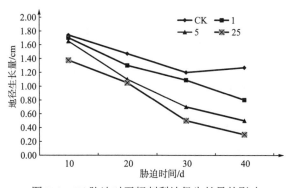

图 7-4　Cd 胁迫对无籽刺梨地径生长量的影响

7.2.3 Hg、Cd 胁迫对无籽刺梨总生物量的影响

不同浓度下的 Hg 胁迫对无籽刺梨幼苗生物量的影响如图 7-5(a)(b)(e)所示，与对照相比，分别在浓度为 1mg/L、5mg/L、25mg/L 的 Hg 胁迫下，无籽刺梨的地上部分生物量、

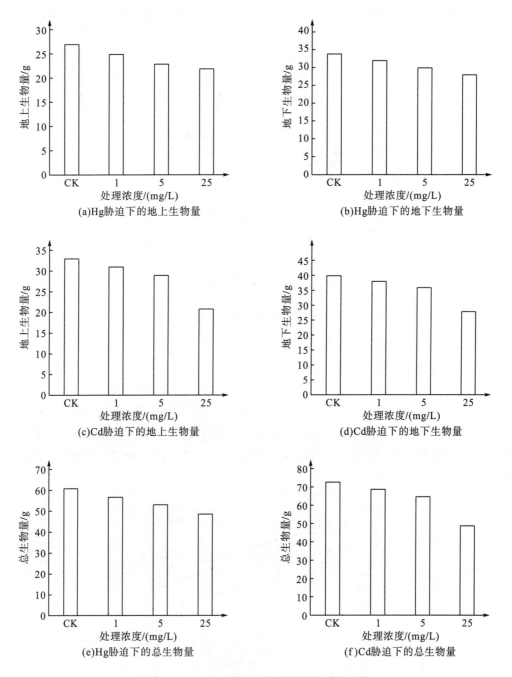

图 7-5 Hg、Cd 胁迫对无籽刺梨生物量的影响

地下部分生物量和生物总量均不断下降。Cd 胁迫对无籽刺幼苗生物量的影响如图 7-5(c)(d)(f)所示，与对照相比，在浓度为 1mg/L、5mg/L、25mg/L 的 Cd 胁迫下，无籽刺梨的地上部分生物量、地下部分生物量和生物总量均不断下降，与 Hg 胁迫有着较为一致的规律。

7.2.4　Hg、Cd 对无籽刺梨幼苗过氧化物酶活性的影响

由图 7-6 可见，Hg 对无籽刺梨幼苗的过氧化物酶(peroxidase，POD)活性产生了不同程度的影响。在相同处理时间下，不同浓度的 Hg 对过氧化物酶活性的影响不同。胁迫 10d 时，不同浓度的 Hg 处理下无籽刺梨幼苗的过氧化物酶活性均低于对照。20d 时，随 Hg 浓度的增大，过氧化物酶活性逐渐增加，浓度为 1mg/LHg 胁迫下的无籽刺梨低于对照，其余均高于对照。30d 时，过氧化物酶活性均高于对照。40d 时，随 Hg 浓度的增加，过氧化物酶活性逐渐增强，过氧化物酶活性均高于对照。在 Hg 胁迫下的无籽刺梨幼苗的过氧化物酶活性受浓度和协迫时间影响差异较大，其中在浓度为 5mg/L、协迫时间为 20d 时活性达到最大值。

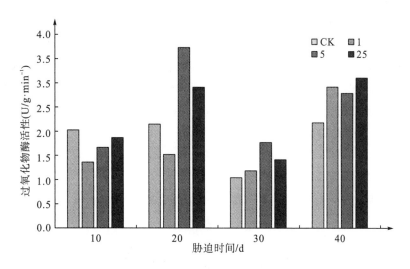

图 7-6　Hg 对无籽刺梨幼苗过氧化物酶活性的影响

由图 7-7 可见，相同胁迫时间内，胁迫 10d 时，浓度为 1mg/L 的 Cd 促进了过氧化物酶活性。胁迫 20d 时，浓度为 1mg/L 的 Cd 胁迫下的无籽刺梨幼苗过氧化物酶活性较对照低，浓度为 5mg/L、25mg/L 的 Cd 提高了过氧化物酶活性。胁迫 30d 时过氧化物酶活性较对照差异显著，均抑制过氧化物酶活性。40d 时，无籽刺梨幼苗在 Cd 的胁迫下，过氧化物酶活性较对照显著升高。

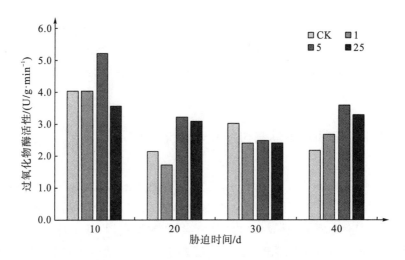

图 7-7　Cd 对无籽刺梨幼苗过氧化物酶活性的影响

7.2.5　Hg、Cd 对无籽刺梨幼苗过氧化氢酶活性的影响

从图 7-8 中可以看出，Hg 对无籽刺梨幼苗的过氧化氢酶(catalase，CAT)活性产生了不同程度的影响，在相同处理时间下，不同浓度的 Hg 对过氧化氢酶活性的影响不同。胁迫至 10d 时，不同浓度的 Hg 处理下无籽刺梨幼苗的过氧化氢酶活性均高于对照。胁迫至 20d 时，浓度为 5mg/L 的 Hg 胁迫下的无籽刺梨幼苗过氧化氢酶活性低于对照，浓度为 1mg/L、25mg/L 的 Hg 胁迫下的过氧化氢酶活性高于对照。胁迫至 30d 时，不同浓度处理下的无籽刺梨幼苗，过氧化氢酶活性显著高于对照。胁迫至 40d 时，不同浓度的 Hg 胁迫均使无籽刺梨过氧化氢酶活性低于对照，Hg 胁迫抑制过氧化氢酶活性。

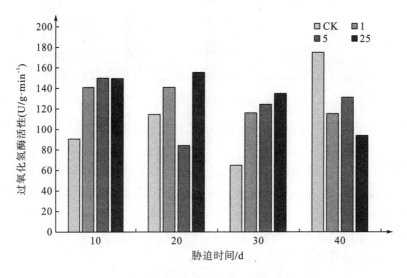

图 7-8　Hg 对无籽刺梨幼苗过氧化氢酶活性的影响

Cd 对无籽刺梨幼苗中过氧化氢酶活性的影响如图 7-9 所示。在 Cd 胁迫至 10d 时，浓度为 1mg/L 的 Cd 胁迫下的无籽刺梨幼苗过氧化氢酶活性显著高于对照，浓度为 5mg/L 的 Cd 胁迫下的无籽刺梨幼苗过氧化氢酶活性高于对照，浓度为 25mg/L 的 Cd 胁迫使无籽刺梨幼苗过氧化氢酶活性低于对照。胁迫至 20d 时，不同浓度 Cd 胁迫均使过氧化氢酶活性低于对照。胁迫至 30d 时，与对照相比，不同浓度 Cd 胁迫均使过氧化氢酶活性高于对照。胁迫至 40d 时，与对照相比，不同浓度 Cd 胁迫均使无籽刺梨幼苗的过氧化氢酶活性低于对照。

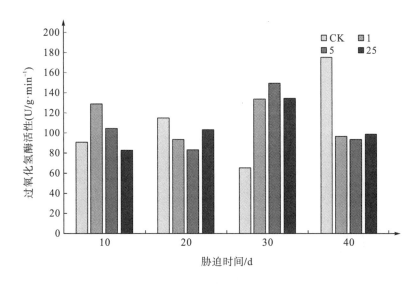

图 7-9　Cd 对无籽刺梨过氧化氢酶活性的影响

7.2.6　Hg、Cd 对无籽刺梨脯氨酸含量的影响

如图 7-10 所示，在胁迫 10d、20d 时，浓度为 1mg/L、5mg/L 浓度的 Hg 协迫下无籽刺梨幼苗脯氨酸的含量低于对照，25mg/L 浓度的 Hg 处理下无籽刺梨幼苗脯氨酸的含量高于对照。在胁迫 30d 时，Hg 处理下无籽刺梨幼苗脯氨酸的含量略高于对照。在胁迫 40d 时，各浓度 Hg 协迫处理的脯氨酸含量差异不大，Hg 协迫下脯氨酸的含量明显低于对照。

如图 7-11 所示，与对照相比，胁迫 10d 时，不同浓度 Cd 处理均降低了无籽刺梨幼苗体内的脯氨酸含量，各浓度之间差异不显著。当胁迫到 20d 时，不同浓度胁迫使无籽刺梨幼苗脯氨酸的含量较对照增加，浓度为 1mg/L 的 Cd 胁迫使无籽刺梨幼苗中脯氨酸的含量较对照显著增加。当胁迫到 30d 时，无籽刺梨幼苗脯氨酸含量较对照略增加。当胁迫到 40d 时，不同浓度的 Cd 处理下无籽刺梨幼苗的脯氨酸含量均低于对照。

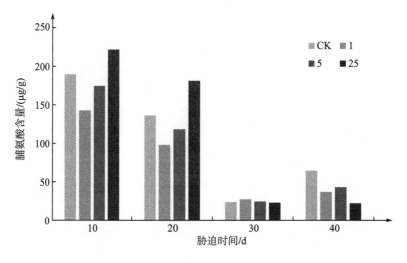

图 7-10   Hg 对无籽刺梨脯氨酸含量的影响

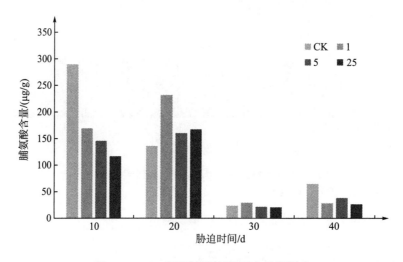

图 7-11   Cd 对无籽刺梨脯氨酸含量的影响

7.2.7   Hg、Cd 对无籽刺梨丙二醛含量的影响

Hg 胁迫对无籽刺梨幼苗丙二醛（malondialdehyde，MDA）含量的影响如图 7-12 所示。无籽刺梨幼苗在不同浓度 Hg 的胁迫下，10d 时，丙二醛含量均增加，其中浓度为 5mg/L 的 Hg 胁迫的无籽刺梨幼苗丙二醛含量比对照显著增加。胁迫 20d 时，各个浓度胁迫下的幼苗丙二醛与对照相比含量均减少。胁迫 30d 时，各个浓度胁迫下的幼苗丙二醛与对照相比含量均增加，其中浓度为 25mg/L 的 Cd 进行胁迫时，无籽刺梨幼苗中丙二醛的含量较对照显著增加。而胁迫 40d 时，浓度为 5mg/L、25mg/L 的 Hg 使无籽刺梨幼苗丙二醛含量增加，浓度为 1mg/L 的 Hg 使无籽刺梨幼苗丙二醛含量下降。

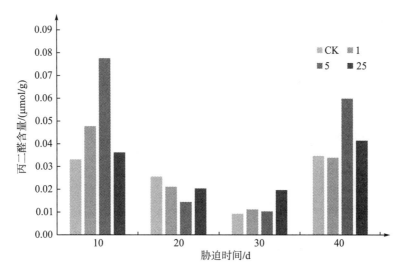

图 7-12　Hg 对无籽刺梨丙二醛含量的影响

　　Cd 对无籽刺梨幼苗丙二醛胁迫如图 7-13 所示。在胁迫 10d 时，与对照相比，1mg/L、5mg/L 浓度的 Cd 均使无籽刺梨幼苗体内的丙二醛含量增加，25mg/L 浓度的 Cd 胁迫使无籽刺梨幼苗中丙二醛的含量减少。在胁迫 20d 时，与对照相比，不同浓度胁迫均使无籽刺梨幼苗中的丙二醛含量降低。在胁迫 30d 时，与对照相比，不同浓度 Cd 的胁迫均使丙二醛的含量增加。在胁迫 40d 时，1mg/L、5mg/L Cd 浓度胁迫使无籽刺梨的丙二醛含量较对照降低，25mg/L Cd 浓度胁迫使无籽刺梨的丙二醛含量增加。

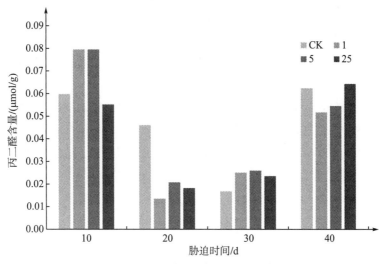

图 7-13　Cd 对无籽刺梨丙二醛含量的影响

7.2.8　讨论

　　抗氧化酶对植物在逆境环境中的生存有重要的作用。活性氧 (reactive oxygen species，

ROS)在植物新陈代谢中产生。活性氧主要指超氧阴离子自由基(O_2^-)、过氧化氢(H_2O_2)、羟基自由基(—OH)和单线态氧(—O_2)(Mittler,2002)。在正常生长情况下,植物体内产生抗氧化酶与活性氧的速率相等。但当植物在不良环境生长时,活性氧会大量产生,植物的生长就会受到影响(林宇丰等,2015)。酶能提高抗氧化清除多余活性氧的能力,使植物受到的伤害减少;当外界的环境发生改变时,抗氧化酶与活性氧平衡一旦被打破,活性氧会积累到一定程度从而引起膜系统损伤,使植物组织受到伤害(张兆波等,2011;李璇等,2010;Foyer et al.,1994)。抗氧化酶系统在植物体内清除活性氧,毒性较强的O_2^-能够被超氧化物歧化酶清除,超氧化物歧化酶能将超氧阴离子自由基歧化为H_2O_2,过氧化物酶、过氧化氢酶则协同配合,有效清除H_2O_2(沈玉聪等,2016;李璇等,2010;Alscher et al.,2002)。本研究发现,Hg、Cd均随胁迫时间的延长对无籽刺梨过氧化物酶和过氧化氢酶具有抑制作用,这与张志杰等(1990)报道的Hg、Cd胁迫下多种作物幼苗生长受抑制一致。

脯氨酸不仅是植物体内主要调节渗透的物质和抗氧化物质,其含量高低还反映了植物对逆境的适应能力(韩冰等,2011;He et al.,2007)。有研究证明,在逆境条件下,脯氨酸的含量显著增加(洪仁远等,1991)。脯氨酸的吸水能力很强,有防止细胞脱水的作用,在低温条件下可提高植物的抗寒性(王小华和庄南生,2008;Kishor et al.,1995)。由本实验可知,不同浓度胁迫下,在实验初期脯氨酸含量逐渐降低,且胁迫浓度越高,脯氨酸含量越少。随着胁迫时间的推移,脯氨酸含量增加,此后逐渐降低,这说明重金属胁迫破坏植物的内部组织,使植物新陈代谢紊乱,这对无籽刺梨幼苗产生严重的毒害。这与秦天才等(1994)的研究一致。

丙二醛含量反映膜脂过氧化程度的高低,它是膜脂过氧化产物(Macfarlane and Burchett.,2001)。植物在逆境下容易发生膜脂过氧化作用,丙二醛作为膜脂过氧化指标,是细胞膜脂过氧化程度以及植物对逆境强弱的反应(赵可夫等,1993;王爱国等,1986)。本研究发现,在Hg、Cd胁迫下,无籽刺梨丙二醛含量在初期受低浓度胁迫呈上升趋势,随后逐渐下降,之后又呈现逐渐上升趋势,说明无籽刺梨幼苗在Hg、Cd的胁迫下在一定时间内对自身有保护作用,具有一定的抗性,随胁迫时间的推移保护酶系统也可能受到损伤而活性下降,对无籽刺梨有较大的伤害,从而使无籽刺梨的自我调节能力减弱,这与张秀娟等(2013)和王昌全等(2008)的研究报道相似。说明无籽刺梨幼苗抵抗外界环境的能力与时间效应有关,出现这一现象可能与植物自身对外在环境的变化的生理调节能力有一定的关系。

7.3   本 章 总 结

无籽刺梨对重金属胁迫的反应较为敏感,在Hg和Cd胁迫下苗高生长量、地径生长量和生物量均受到抑制,且呈现出明显的浓度效应,即浓度越大抑制作用越大。Hg、Cd胁迫对无籽刺梨幼苗的过氧化物酶活性在初期有着一定抑制作用,但到后期胁迫到30~40d时,过氧化物酶活性呈现增强的趋势,说明持久胁迫可能增强过氧化物酶活性。Hg、Cd胁迫对无籽刺梨幼苗过氧化氢酶活性的影响,在不同时期表现出一定的抑制作用,但到后期胁迫到 30～40d 时，过氧化氢酶活性呈现下降的趋势，说明持久胁迫可能抑制过氧化氢酶活性。Hg、Cd 胁迫对无籽刺梨幼苗脯氨酸含量的影响，在不同时期主要表现出的抑制作用，但后期胁迫到 30～40d 时，脯氨酸含量呈现明显下降的趋势。Hg、Cd 胁迫对无籽刺梨幼苗丙二醛含量的影响，在初期起到促进作用，中期起到抑制作用，后期起促进作用。

参 考 文 献

韩冰，贺超兴，郭世荣，等，2011. 丛枝菌根真菌对盐胁迫下黄瓜幼苗渗透调节物质含量和抗氧化酶活性的影响[J]. 西北植物学报，31(12)：2492-2497.

洪仁远，杨广笑，刘东华，等，1991. 镉对小麦幼苗的生长和生理生化反应的影响[J]. 华北农学报，6(3)：70-75.

李璇，岳红，黄璐琦，等，2010. 环境胁迫下植物抗氧化酶的反应规律研究[C].中国药学大会暨中国药师周大会.

林宇丰，李魏，戴良英，2015. 抗氧化酶在植物抗旱过程中的功能研究进展[J]. 作物研究，29(3)：326-330.

秦天才，吴玉树，王焕校，1994. 镉、铅及其相互作用对小白菜生理生化特性的影响[J]. 生态学报，14(1)：46-50.

沈玉聪，张红瑞，姚珊，等，2016. 5 种酚酸类物质对小麦幼苗的化感作用研究[J]. 河南农业科学，45(5)：101-105.

王爱国，邵从本，罗广华，1986. 丙二醛作为植物脂质过氧化指标的探讨[J]. 植物生理学报 (2)：57-59.

王昌全，郭燕梅，李冰，等，2008. Cd 胁迫对杂交水稻及其亲本叶片丙二醛含量的影响[J]. 生态学报，28(11)：5377-5384.

王小华，庄南生，2008. 脯氨酸与植物抗寒性的研究进展[J]. 中国农学通报，24(11)：398-402.

王学奎，黄见良，2015. 植物生理生化实验原理与技术[M]. 北京：高等教育出版社.

武卫华，刘忠荣，黄先敏，等，2010. 叶绿体色素的提取方法改进及其应用[J]. 北方园艺，24：67-69.

张秀娟，孙润生，吴楚，等，2013. Hg、Cd 复合污染对千屈菜生理生化指标的影响[J]. 北方园艺，18：74-77.

张兆波，毛志泉，朱树华，2011. 6 种酚酸类物质对平邑甜茶幼苗根系线粒体及抗氧化酶活性的影响[J]. 中国农业科学，44(15)：3177-3184.

张志杰，吕秋芬，1990. 汞对小麦某些生理指标的影响[J]. 农业环境科学学报，9(4)：27-28.

赵可夫，邹琦，李德全，等，1993. 盐分和水分胁迫对盐生和非盐生植物细胞膜脂过氧化作用的效应[J]. 植物学报，35(7)：519-525.

ALSCHER R G, ERTURK N, HEATH L S, 2002. Role of superoxide dismutases (SODs) in controlling oxidative stress in plants[J]. Journal of Experimental Botany, 53：1331-1341.

FOYER C H, DESCOURVIÈRES P, KUNERT K J, 1994. Protection against oxygen radicals：an important defence mechanism studied in transgenic plants[J]. Plant Cell & Environment, 17(5)：507–523.

HE Z, HE C, ZHANG Z, et al., 2007. Changes of antioxidative enzymes and cell membrane osmosis in tomato colonized by arbuscular Mycorrhizae under NaCl stress[J]. Colloids & Surfaces B Biointerfaces, 59(2)：128-133.

KISHOR P, HONG Z, MIAO G H, et al., 1995. Overexpression of [delta]-pyrroline-5-carboxylate synthetase increases proline production and confers osmotolerance in transgenic plants[J]. Plant Physiology, 108(4)：1387-1394.

MACFARLANE G R, BURCHETT M D, 2001. Photosynthetic pigments and peroxidase activity as indicators of heavy metal stress in the Grey mangrove, avicennia marina (Forsk.) Vierh[J]. Marine Pollution Bulletin, 42(3)：233-240.

MITTLER R, 2002. Oxidative stress, antioxidants and stress tolerance[J]. Trends in Plant Science, 7(9)：405-410.

第8章　典型种植区无籽刺梨套袋技术

无籽刺梨果实是贵州喀斯特地区的优势特产果品，各种植基地在多年栽培过程中发现，无籽刺梨果实在生长发育过程中，存在因病虫害、锈斑、灰尘、不良气候因子等因素影响果实外观品质的问题，以及由于果树树体种植和挂果年份较长等原因，导致果实的内在品质下降的问题(李婕羚等，2017；李婕羚等，2016)。本研究拟采用套袋栽培技术试验针对上述问题进行研究和探讨。套袋栽培主要是通过套袋形成相对稳定的微域环境，延缓表皮细胞和角质层的老化，改变酚类物质合成关键酶(多酚氧化酶和过氧化物酶)的活性，使木质素合成减少，使木栓形成层的发生及活动受到抑制，延缓和抑制锈斑等的形成，从而使果面光洁美观，有效地预防病虫害，减少农药残留，隔绝较差的外部环境，套袋也会影响果实糖、酸、可溶性蛋白质等内容物的含量(王涛等，2011；张建光等，2005)。果品套袋栽培技术是目前生产优质高档果品，提高果实外观、内在品质和商品价值的重要措施之一。近年来，为改善果实品质，提高产量，生产出高品质无公害的果品，科研工作者已对枇杷、梨、苹果、桃、菠萝、柚子、橙子、荔枝、火龙果、猕猴桃、冬枣等不同果树果实做了诸多研究(刘友接等，2015；陈栋等，2011；周继芬，2011；陆新华等，2010；唐健等，2009；徐红霞等，2008；阮班录等，2008；常有宏等，2006；文颖强和马锋旺，2006；王大平等，2006；吴万兴等，2004；陈志杰等，2003)。至今，国内外关于无籽刺梨果实品质提升的研究未见报道。本章探讨不同材料套袋对无籽刺梨果实内在、外在品质和商业价值等方面的影响，为无籽刺梨的丰产优质高效栽培管理提供理论依据。

无籽刺梨是适宜喀斯特石漠化地区的优良经果林品种，但在南方高湿度、多雨的环境下，果实表面易形成锈斑，外观品质较差。在套袋栽培方式下，无籽刺梨果皮颜色鲜艳，虫果、病果大大减少，果实横径、纵径均有所增大，果实外观品质和内在品质指标均有提升。综合各项指标，在套袋栽培处理下，可以减少无籽刺梨生产成本，提高收益，若有可重复使用的套袋运用于无籽刺梨栽培过程中，还可以节约一部分生产成本，同时也是以后果树套袋栽培的研究方向和目标。

本试验结果显示，两种套袋处理均可以不同程度改善无籽刺梨果实果皮颜色和光洁度，双层袋有利于改善果皮颜色和光洁度，减少果皮色素，使无籽刺梨果皮颜色变浅变亮，呈亮棕黄色，套袋可改善果皮颜色可能与花色苷的积累有关(李玉阔等，2016；张雷等，2014)。单层袋存在透光度较好、光照强度较高的特点，对果实产生日灼影响了无籽刺梨果实表面的着色均匀度和光洁度，这与李所清等(2017)的研究结果相同。本试验选取的两种套袋均为纸质，透气性较好，在一定程度上隔绝外部较差的自然环境，袋内形成微环境，促进无籽刺梨果实的生长发育，使果实横径、纵径均有所增长。已有研究表明，双层套袋技术对病虫害的防控效果显著(陈亦聪等，2013)。本研究中无籽刺梨不同套袋处理也是避免和减轻病虫害的措施，其中双层套袋效果较好。

8.1　不同套袋处理对果实外观的影响

8.1.1　无籽刺梨套袋实验设计

试验于 2015 年 8 月 20 日～10 月 20 日在贵州省石厂乡、回龙镇无籽刺梨种植基地进行，2016 年 8 月 20 日～10 月 20 日在贵州省下坝乡、禾丰镇和回龙镇无籽刺梨种植基地进行。材料为 6 年生无籽刺梨，株行距 4 m×4.5 m，管理条件较好。在每个果园中选取生长健壮、基本一致的约 50 株无籽刺梨植株，每株随机选取不同方位的 5 枝果实为 1 个处理。用不同种类的套袋进行套袋处理，以不套袋为对照。处理 1 为外层棕黄色、内袋黑色的双层纸袋；处理 2 为白色单层纸袋；处理 3 为对照 CK。处理 1、处理 2 均为市场采购，套袋规格为 18 cm × 23 cm。栽培管理措施与种植基地内未套袋无籽刺梨相同。

套袋选取晴天进行，套袋时先撑开袋口，将无籽刺梨幼果套入袋内，扶正袋子，确保幼果置于袋子中央，手扶袋子小心收紧袋口并用袋口自带铁丝将其紧缚在结果枝上。套完袋后，用手轻轻将果袋底端横向拉拽，使果袋膨胀，尽量使果袋不与幼果各部位产生接触。套袋顺序为先上后下，形状为倒圆锥形，以确保无籽刺梨果实在生长过程中有足够的空间。以不套袋果实大部分成熟时进行摘袋采收。采收试验果实时，先沿袋口将袋子剪开，由下而上将袋子移走，防止袋子将果实刮掉。

8.1.2　不同套袋处理下无籽刺梨果实外观品质

两种套袋处理均对无籽刺梨果实产生一定影响，但不同处理对果实性状产生的影响存在较大差异。果皮颜色方面，两种处理下果皮呈棕黄色和亮棕黄色，与对照相比果实颜色鲜亮、着色均匀，外观颜色更加饱满(图 8-1)。光洁度方面，与对照相比双层袋的效果极显著，双层纸袋达到 98.63%的光洁度，单层袋稍差，但总体光洁度均高于未套袋处理的无籽刺梨果实。与对照相比，在降低虫果率、烂果率和平均单果重方面，双层袋的效果极显著($P \leqslant 0.01$)，单层袋在降低虫果率、烂果率方面效果显著($P \leqslant 0.05$)。两种套袋处理下的无籽刺梨果实纵径、横径均有所增加，且双层袋优于单层袋；与对照相比，对各处理的果实纵径、横径变化不显著。综合分析，套袋处理的无籽刺梨果实性状优于对照，在所有种植基地双层袋对果实性状的改善效果最为明显(表 8-1)。

对照　　　　　　　　　　　单层袋　　　　　　　　　　　双层袋

图 8-1　不同套袋处理的无籽刺梨果实外观

表 8-1　不同处理对无籽刺梨果实外观品质的影响

处理	光洁度/%	虫果率/%	烂果率/%	平均单果重/g	纵径/mm	横径/mm
双层袋	98.63aA	1.25aA	1.08aA	9.98aA	26.28aA	25.38aA
单层袋	93.13abAB	3.63aA	3.13bA	8.63abAB	24.40aA	22.9aA
对照	88.63bB	10.75bB	6.38cB	6.90bB	22.55aA	22.13aA

注：同列不同小写字母表示差异显著($P \leqslant 0.05$)，不同大写字母表示差异极显著($P \leqslant 0.01$)。表 8-2 同。

8.2　不同套袋处理下果实内在品质

由表 8-2 可知，所有套袋处理的无籽刺梨果实内在指标均优于对照，但总糖和总酸含量在各处理间无显著差异。其中，与对照相比，果实水分、可溶性固形物、可溶性蛋白质含量均有显著提升。双层袋对果实口感方面的糖酸比和固酸比两个指标均有显著提升，单层袋虽有提升但不显著。可见，套袋处理对无籽刺梨果实的内在品质方面各项指标均有提升或改善，双层袋的效果优于单层袋。

表 8-2　不同处理无籽刺梨果实内在品质的影响

处理	水分/%	可溶性固形物/%	可溶性蛋白质/%	总糖/%	总酸/%	糖酸比	固酸比
双层袋	82.04aA	31.57aA	0.53aA	10.52aA	1.99aA	5.28aA	16.05aA
单层袋	79.24bAB	26.32aB	0.46abB	9.74aA	2.15aA	4.53abA	12.39bAB
对照	77.27bB	24.69bB	0.40bB	9.12aA	2.13aA	4.28bA	11.65bB

为进一步提取不同种植基地在套袋处理下的品质的关联性，选择水分、可溶性固形物、可溶性蛋白质、总糖、总酸、糖酸比和固酸比等 7 个内在指标，采用 Z-score 标准化方法通过 R 软件进行聚类分析。结果显示，从纵轴来看各处理可以分为两大类：一类为双层袋和禾丰乡的单层袋处理，主要特征除总酸含量较低外，内在品质指标含量在平均值之上；其他的处理归为第二类。从横轴来看 7 个内在品质指标间差异更为显著，可以分为三大类：

第一类为水分；第二类为可溶性固形物、总糖和糖酸比；第三类指标为可溶性蛋白质、总酸和固酸比(图 8-2)。整体来看，双层袋处理的 7 个内在品质指标均优于单层袋和对照，双层袋对无籽刺梨的内在品质提升具有重要作用。

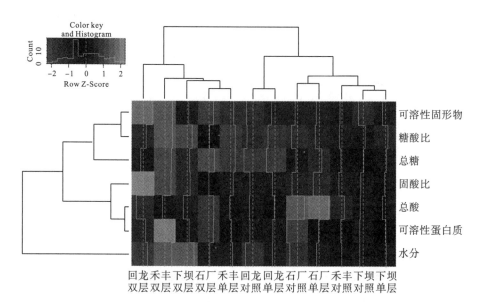

图 8-2　不同种植基地无籽刺梨内在品质指标的聚类热图

8.3　本　章　总　结

两种套袋处理下无籽刺梨果实的可溶性固形物、可溶性蛋白质、总糖和水分含量均有所上升，总酸有所下降；双层袋的果实糖酸比、固酸比均有所上升，白色单层套袋处理下的糖酸比、固酸比均有所下降。这可能是由于套袋处理下果实呼吸强度增强，加速了以酸为呼吸基质的氧化分解，糖分从植株向果实内移动积累，导致总糖含量增加，酸含量减少(赵明新等，2016；刘友接等，2015)。综合考虑两种套袋处理，双层纸袋各方面要优于单层白色纸袋，是目前无籽刺梨套袋试验过程中比较适宜的套袋方式。

参 考 文 献

常有宏，蔺经，李晓刚，等，2006. 套袋对梨果实品质和农药残留的影响[J]. 江苏农业学报，22(2)：150-153.

陈栋，谢红江，李靖，等，2011. 套袋对桃果实品质形成和果皮色素变化规律的影响[J]. 西南农业学报，24(6)：2132-2136.

陈亦聪，王少清，蔡岳钊，等，2013. 番荔枝双层套袋技术[J].中国南方果树，42(1)：101-102.

陈志杰，张淑莲，张锋，等，2003. 猕猴桃套袋技术的生态效应[J]. 应用生态学报，14(11)：1829-1832.

李婕羚，李朝婵，胡继伟，等，2017. 典型喀斯特山区无籽刺梨基地土壤质量评价[J]. 水土保持研究，24(1)：54-60.

李婕羚, 胡继伟, 李朝婵, 2016. 贵州不同种植地区无籽刺梨果实品质评价[J]. 果树学报, 33(10): 1259-1268.

李所清, 李录山, 何敏, 2017. 不同类型果袋套袋对火龙果果实的经济性状品质的影响[J]. 四川农业科技, 1: 61-63.

李玉阔, 齐秀娟, 林苗苗, 等, 2016. 套袋对2种类型红肉猕猴桃果实着色的影响[J]. 果树学报, 33(12): 1492-1501.

刘友接, 林世明, 黄雄峰, 等, 2015. 套袋对'石火泉'火龙果果实主要经济性状、抗逆性和品质的影响[J]. 热带作物学报, 36(12): 2138-2141.

陆新华, 孙德权, 石伟琦, 等, 2010. 不同时期套袋对菠萝果实发育和品质的影响[J]. 热带作物学报, 31(10): 1716-1719.

阮班录, 郭俊炜, 刘建海, 2008. 红皮梨的套袋栽培技术[J]. 落叶果树, 40(4): 58-59.

唐健, 段敏, 薛进军, 2009. 套袋对荔枝成熟期及果实品质的影响[J]. 江苏农业学报, 25(3): 640-642.

王大平, 刘奕清, 李道高, 2006. 套袋对夏橙果实绿斑病发生及果品质的影响[J]. 西南大学学报(自然科学版), 28(4): 610-613.

王涛, 滕元文, 冯先桔, 等, 2011. 套袋对大棚'翠冠'梨果实品质及 K、Ca、Mg 含量的影响[J]. 中国农学通报, 27(33): 233-237.

文颖强, 马锋旺, 2006. 我国苹果套袋技术应用与研究进展[J]. 西北农林科技大学学报(自然科学版), 34(2): 100-104.

吴万兴, 鲁周民, 李文华, 等, 2004. 疏花疏果与套袋对枇杷果实生长与品质的影响[J]. 西北农林科技大学学报(自然科学版), 32(11): 73-75.

徐红霞, 陈俊伟, 张豫超, 等, 2008. '白玉'枇杷果实套袋对品质及抗氧化能力的影响[J]. 园艺学报, 35(8): 1193-1198.

张建光, 王惠英, 王梅, 等, 2005. 套袋对苹果果实微域生态环境的影响[J]. 生态学报, 25(5): 1082-1087.

张雷, 贾玥, 王继源, 等, 2014. 套袋对'美人指'葡萄花色苷组分及合成相关基因表达的影响[J]. 果树学报, 31(6): 1032-1039.

赵明新, 孙文泰, 王玮, 等, 2016. 套袋对'黄冠'梨果实品质的影响[J]. 中国果树, 1: 19-22.

周继芬, 2011. 套袋对凤凰柚果实品质的影响[J]. 西南师范大学学报(自然科学版), 36(5): 159-162.

第9章　典型种植区无籽刺梨基地土壤状况

本章在贵州喀斯特地区无籽刺梨种植基地分布现状的基础上初步选择研究区。通过实地野外调查与检测，初步监测和收集喀斯特地区无籽刺梨种植基地小气候信息，主要收集了典型区内经纬度、海拔、气温、光照等数据资料。将现场所收集的刺梨土壤、树体成分样品立即带回实验室，在贵州师范大学进行室内实验分析。

三个典型研究区均位于贵州中西部无籽刺梨规模种植区，属于岩溶高原与丘陵地貌，也属于科技部划定的石漠化工程治理县市，气候类型属中亚热带季风湿润气候，降水集中，无严寒和酷暑。以空间替换时间的方法，从微观上定量研究无籽刺梨种植过程中土壤质量及树体特征变化，研究区种植基地的长势较好并初具规模和示范效应，考虑到无籽刺梨的原产地(兴仁市)、人工种植的较早产地(西秀区)和近年发展较好的产地(乌当区)，针对贵州无籽刺梨的种植现状来看，选择的无籽刺梨基地的种植年限具有连续性——兴仁市(1~2a)、乌当区(3~4a)和西秀区(8~9a)，代表贵州喀斯特地区主要种植基地的距离、土壤条件、海拔、基质与气候条件等地理背景较接近。

9.1　无籽刺梨种植基地土壤重金属环境质量评价

9.1.1　无籽刺梨基地小气候特征

在无籽刺梨果实挂果期间，采集了黔西南州兴仁市、安顺市西秀区和贵阳市乌当区无籽刺梨种植基地土壤、无籽刺梨树体和鲜果样品，并记录监测无籽刺梨基地小气候(海拔、地温、光照、经纬度等)(表9-1)。初步研究表明，土壤肥力对无籽刺梨的生长影响较大，生态环境对无籽刺梨品质也有一定的影响，具体情况见表9-2~表9-4。

表9-1　喀斯特山区无籽刺梨基地小气候环境总体情况

样地	干湿度/%	温度/℃	海拔/m	气压/mb	光照/lx
兴仁市	44.72	27.00	1427.10	855.76	894.40
乌当区	46.38	30.88	1068.67	898.48	1665.67
西秀区	64.83	25.35	1364.80	868.12	1347.40

注：1mb=100Pa。

表 9-2　兴仁市无籽刺梨种植基地采样点主要小气候信息

编号	坡度/度	纬度(N)	经度(E)	干湿度/%	温度/℃	海拔/m	气压/mb	光照/lx
1	23	25°29.613′	105°29.149′	41.4	27.3	1432	853.24	1298
2	19	25°29.670′	105°29.183′	42.5	28.8	1425	857.12	985
3	24	25°29.671′	105°29.159′	41.7	27.3	1442	855.13	956
4	42	25°29.589′	105°29.104′	45.5	26.7	1434	854.71	688
5	60	25°29.626′	105°29.101′	44.2	28.2	1431	855.13	866
6	50	25°29.613′	105°29.077′	42.3	28.7	1429	856.05	806
7	37	25°29.625′	105°29.066′	42.3	28.7	1437	855.71	831
8	38	25°29.271′	105°29.047′	54.7	25.5	1427	857.15	804
9	40	25°29.250′	105°29.034′	61.4	24.3	1402	856.67	885
10	14	25°29.228′	105°29.032′	58.2	24.5	1412	856.69	825
11	31	25°29.479′	105°29.132′	45.1	26.7	1434	854.71	884
12	28	25°29.429′	105°29.104′	44.8	27.2	1432	854.53	781
13	24	25°29.581′	105°29.082′	42.1	26.3	1419	855.66	827
14	30	25°29.669′	105°29.138′	41.9	27.1	1424	855.24	1053
15	26	25°29.617′	105°29.111′	49.7	27.7	1429	858.66	991

表 9-3　西秀区无籽刺梨种植基地采样点主要小气候信息

编号	坡度/度	纬度(N)	经度(E)	干湿度/%	温度/℃	海拔/m	气压/mb	光照/lx
1	12	26°14.270′	105°58.598′	47.1	27.4	1371	867.37	1362
2	17	26°14.290′	105°58.614′	59.4	20.7	1367	867.53	1455
3	10	26°14.196′	105°58.623′	52.1	25.4	1384	867.71	1129
4	13	26°14.202′	105°58.629′	65.1	21.3	1375	867.88	1167
5	10	26°14.216′	105°58.627′	64.4	21.1	1374	867.96	1288
6	15	26°14.211′	105°58.624′	70.5	22.3	1347	868.12	1347
7	19	26°14.203′	105°58.613′	64.5	21.1	1360	868.42	1449
8	23	26°14.195′	105°58.611′	75.6	19.1	1358	868.58	1482
9	9	26°14.195′	105°58.612′	76.7	19.6	1356	868.75	1375
10	7	26°14.190′	105°58.599′	72.9	19.5	1356	868.87	1420
11	13	26°14.281′	105°58.607′	56.3	26.1	1365	867.24	1257
12	24	26°14.198′	105°58.616′	65.8	24.6	1354	868.33	1439
13	20	26°14.212′	105°58.614′	71.1	22.9	1355	868.45	1472
14	17	26°14.274′	105°58.611′	59.8	26.4	1363	868.22	1249
15	10	26°14.277′	105°58.607′	71.2	26.8	1387	868.36	1320

表 9-4　乌当区无籽刺梨种植基地采样点主要小气候信息

编号	坡度/度	纬度(N)	经度(E)	干湿度/%	温度/℃	海拔/m	气压/mb	光照/lx
1	22	26°45.904′	106°58.976′	58.6	27.4	1057	899.42	1415
2	22	26°45.914′	106°58.992′	58.0	27.5	1057	899.14	1920
3	45	26°45.908′	106°58.987′	54.3	29.0	1058	898.69	1280
4	57	26°45.904′	106°58.977′	52.4	30.0	1061	898.42	1926
5	52	26°45.909′	106°58.981′	42.8	31.9	1063	898.40	1616
6	45	26°45.920′	106°58.938′	41.2	31.0	1066	898.10	1551
7	40	26°45.929′	106°58.981′	34.7	33.5	1067	897.93	1747
8	46	26°45.942′	106°58.972′	40.1	32.7	1076	899.77	1780
9	55	26°45.981′	106°58.987′	35.3	34.9	1113	896.43	1756
10	43	26°45.927′	106°58.974′	43.1	32.2	1066	897.68	1689
11	36	26°45.931′	106°58.970′	44.5	31.4	1068	898.29	1666
12	33	26°45.913′	106°58.954′	47.1	29.4	1065	898.45	1623
13	42	26°45.934′	106°58.975′	50.8	30.5	1076	899.50	1684

9.1.2　典型无籽刺梨种植基地土壤重金属含量

无籽刺梨种植基地土壤中 Hg、As、Pb、Cr、Cd、Cu、Zn 和 Ni 评价的土壤背景值与评价参考值如表 9-5 所示。

表 9-5　土壤重金属监测与评价参考准值　　　　　　　　（单位：mg/kg）

元素	背景值	绿色食品限值	农用地风险筛选值	农用地风险管制值
Hg	0.11	0.30	2.40	4.00
As	14.69	20.00	30.00	120.00
Pb	35.20	50.00	120.00	700.00
Cd	0.66	0.30	0.30	3.00
Cr	95.50	120.00	200.00	1000.00
Cu	32.00	60.00	100.00	
Zn	82.40	—	250.00	
Ni	39.10	—	100.00	

注：土壤背景值来自中国环境监测总站（1990）；标准限值来自 GB15618-2018、NY/T391-2013。

1. 喀斯特山区无籽刺梨种植基地土壤中 Hg 的含量状况

贵州省位于全球环太平洋汞矿化带中，境内分布着大量的汞矿床，是我国最重要的汞工业基地，汞矿开采、冶炼历史悠久（Dai et al., 2013；仇广乐，2005）。根据表 9-5 和表 9-6，三个样地土壤的 Hg 含量的平均值均高于贵州土壤的背景值(0.11mg/kg)，但均低于绿色产地环境技术条件要求(0.30mg/kg)和农用地风险筛选值(2.40mg/kg)。三个地区土壤的 Hg 含量的均值大小关系为兴仁市>乌当区>西秀区，分别为 0.29mg/kg、0.22mg/kg 和 0.20mg/kg，兴仁市、乌当区和西秀区的范围值分别为 0.14~0.48 mg/kg、0.15~0.25 mg/kg 和 0.14~0.41mg/kg，从变异系数看，三个地区分别为 46.10%、14.90%和45.54%，均属于中等强度变异，乌当区的变异程度明显小于其余两地，这也与乌当区样地的面积较小有关。土壤的 Hg 含量虽高于贵州省的背景值，但均处于各类标准的限量值的范围内，基本未受到 Hg 污染。

表 9-6　喀斯特山区中无籽刺梨种植基地土壤中 Hg 含量状况

样地	样本数	范围/(mg/kg)	均值/(mg/kg)	标准差/(mg/kg)	变异系数/%
兴仁市	10	0.14~0.48	0.29	0.13	46.10
乌当区	9	0.15~0.25	0.22	0.03	14.90
西秀区	10	0.14~0.41	0.20	0.09	45.54

2. 喀斯特山区无籽刺梨种植基地土壤中 As 的含量状况

通过对不同无籽刺梨种植基地土壤中 As 含量的全量分析，分别得到每个种植基地土壤中耕作层中 As 的平均含量，如表 9-7 所示。研究发现黔西南州兴仁市、贵阳市乌当区和安顺市西秀区无籽刺梨种植基地土壤 As 平均含量分别为 19.07mg/kg、9.30mg/kg 和 7.59mg/kg，除了兴仁市土壤 As 平均含量高于贵州土壤的背景值(14.69mg/kg)，其余两地低于此背景值，且均低于绿色产地环境技术条件要求(20.00mg/kg)和农用地风险筛选值(30.00mg/kg)，其中，兴仁市土壤 As 平均含量处于国家土壤环境质量重金属含量 2 级标准(30.00mg/kg)，乌当区和西秀区处于国家土壤环境质量重金属含量 1 级标准(15.00mg/kg)，这与何亚琳(1996)对贵州土壤中的 As 及其地理分布的结论一致。兴仁市附近地区属于贵州的 As 富集区，这与广泛分布于黔西南西北部的峨眉山玄武岩中 As 的平均含量比世界其他地区玄武岩的含量高出几倍至几十倍有关，峨眉山玄武岩中富含气液物质，含矿组分含量较高，为后期成矿作用提供丰富的 As、Fe、Au、Hg、Sb、F 等成矿物质，而且各类岩性岩石含 As 也比较高(黄志勇，2008)。三个地区无籽刺梨基地土壤的 As 含量的均值大小关系与 Hg 一致：兴仁市>乌当区>西秀区，变异系数分别为 65.51%、28.97%和43.40%，属于中等变异，兴仁市的变异程度较高，这也与该样地面积较大有关。

表 9-7　喀斯特山区中无籽刺梨种植基地土壤中 As 含量状况

样地	样本数	范围/(mg/kg)	均值/(mg/kg)	标准差/(mg/kg)	变异系数/%
兴仁市	10	8.30~42.11	19.07	12.49	65.51
乌当区	9	6.33~13.59	9.30	2.70	28.97
西秀区	10	4.70~14.79	7.59	3.29	43.40

3. 喀斯特山区无籽刺梨种植基地土壤中 Pb 的含量状况

如表 9-8 所示，通过对不同刺梨种植基地土壤样品中 Pb 含量的分析，均值大小关系为西秀区>兴仁市>乌当区，分别为99.62mg/kg、85.58mg/kg和84.10mg/kg，土壤的Pb平均含量均高于贵州本地背景值（35.20mg/kg），同时也超过了绿色产地环境技术条件要求（50.00mg/kg），但是符合无公害产地土壤环境要求（150.00mg/kg），三个地区均低于农用地风险筛选值（120.00mg/kg）。此外，西秀区无籽刺梨种植基地土壤中的Pb含量较高可能与其处于贵黄高速公路旁有一定关系。从变异系数来看，大小关系为兴仁市>乌当区>西秀区，分别为61.41%、35.17%和30.98%。研究表明，黔西南州兴仁市无籽刺梨种植基地土壤Pb均值和变异系数较大，原因可能为土壤母质对兴仁市土壤Pb含量的影响，因为石灰岩形成同样厚度的土壤需要更长的时间，成土过程中Pb可能有一定程度的富集（邢光熹和朱建国，2002），这也与前人的研究较一致（张莉和周康，2005）。

表9-8　喀斯特山区中无籽刺梨种植基地土壤中Pb含量状况

样地	样本数	范围/(mg/kg)	均值/(mg/kg)	标准差/(mg/kg)	变异系数/%
兴仁市	10	12.39~199.00	85.58	52.55	61.41
乌当区	9	41.01~128.50	84.10	29.58	35.17
西秀区	10	47.72~142.90	99.62	30.86	30.98

4. 喀斯特山区无籽刺梨种植基地土壤中Cd的含量状况

如表9-9所示，通过对喀斯特山区不同无籽刺梨种植基地土壤中Cd含量检测分析，从均值看，大小关系为乌当区>兴仁市>西秀区，分别为3.06mg/kg、0.68mg/kg和0.52mg/kg。根据前人的研究，贵州地区土壤中Cd的污染尤为严重，全省无一地区未遭受Cd污染，特别是贵阳市及黔南州的Cd污染为重污染（张莉和周康，2005），本次研究的结果也符合此结论。由于贵州的Cd污染普遍比较严重，因此，其土壤背景值也远高于其他标准。除了西秀区种植基地土壤低于贵州省背景值（0.66mg/kg）以外，其余两地均高于贵州省的背景值，并且土壤也均高于绿色产地环境技术条件要求（0.30mg/kg），兴仁市和西秀区种植基地土壤高于农用地风险筛选值（0.30mg/kg），乌当区种植基地土壤高于农用地风险管制值（3.00mg/kg），需引起基地的极大警惕。从变异系数看，大小关系为兴仁市>乌当区>西秀区，分别为180.91%、52.92%和43.04%，其中兴仁市种植基地土壤的变异程度超过了100%，达到强变异程度，其余两地均为中等变异程度，这可能与兴仁市种植基地面积较大有关。

表9-9　喀斯特山区中无籽刺梨种植基地土壤中Cd含量状况

样地	样本数	范围/(mg/kg)	均值/(mg/kg)	标准差/(mg/kg)	变异系数/%
兴仁市	10	0.19~4.17	0.68	1.23	180.91
乌当区	9	0.29~5.40	3.06	1.62	52.92
西秀区	10	0.02~0.84	0.52	0.23	43.04

5. 喀斯特山区无籽刺梨种植基地土壤中 Cr 的含量状况

如表 9-10 所示,通过对喀斯特山区不同无籽刺梨种植基地土壤中 Cr 含量的检测分析,发现三个无籽刺梨种植基地土壤中的 Cr 含量,除了兴仁市低于贵州省土壤背景值 (95.50mg/kg)外,其余均高于此值,除了乌当区种植基地土壤中的 Cr 含量高于绿色产地环境技术条件要求(120.00mg/kg),其余均未超过。三个地区无籽刺梨基地土壤均低于农用地风险筛选值(200.00mg/kg),情况较好,符合前人的研究结论(张莉和周康,2005)。乌当区和西秀区无籽刺梨种植基地土壤中 Cr 含量较重,除了地质原因外,也与两个基地的区位临近工业较发达的地区的工业以及民用煤炭所排放的废气有关。从变异系数看,其大小关系为兴仁市>乌当区>西秀区,分别为 66.33%、36.94% 和 15.88%,均为中等变异,与其他重金属元素变异规律较一致。

表 9-10　无籽刺梨种植基地土壤中 Cr 含量状况

样地	样本数	范围/(mg/kg)	均值/(mg/kg)	标准差/(mg/kg)	变异系数/%
兴仁市	10	21.27~209.90	78.45	52.03	66.33
乌当区	9	84.55~219.50	128.07	47.31	36.94
西秀区	10	85.90~149.00	111.50	17.71	15.88

6. 喀斯特山区无籽刺梨种植基地土壤中 Cu 的含量状况

如表 9-11 所示,通过对不同无籽刺梨种植基地土壤中 Cu 含量的检测分析,从均值角度看,各种植基地土壤中 Cu 含量与其他元素变化不同,大小关系为西秀区(58.31mg/kg)>兴仁市(45.18mg/kg)>乌当区(38.22mg/kg),高于贵州土壤的背景值(32.00mg/kg)。其中,三个地区无籽刺梨种植基地土壤中 Cu 平均值均低于绿色食品产地环境技术要求(60mg/kg)和农用地风险筛选值(100.00mg/kg)。灌溉产生以及硫酸铜杀虫剂等农药的施用也可能造成土壤铜的富集。从变异系数看,大小关系为兴仁市>西秀区>乌当区,分别为 43.13%、37.45% 和 31.93%,均为中等变异,说明数据之间基本没多大差异性,分布较为合理均匀。

表 9-11　无籽刺梨种植基地土壤中 Cu 含量状况

样地	样本数	范围/(mg/kg)	均值/(mg/kg)	标准差/(mg/kg)	变异系数/%
兴仁市	10	8.16~74.83	45.18	19.49	43.13
乌当区	9	23.46~59.86	38.22	12.20	31.93
西秀区	10	42.71~115.30	58.31	21.84	37.45

7. 喀斯特山区无籽刺梨种植基地土壤中 Zn 的含量状况

如表 9-12 所示，通过对不同无籽刺梨种植基地土壤中 Zn 含量的检测分析，从均值角度看，大小关系为西秀区(136.34mg/kg)>乌当区(103.37mg/kg)>兴仁市(82.97mg/kg)，除了兴仁市基地土壤中的 Zn 含量低于贵州省的土壤背景值(82.40mg/kg)，其余两地均高于贵州省的平均值。三个地区无籽刺梨基地土壤 Zn 含量均低于农用地风险筛选值(250.00mg/kg)。从变异系数看，由大到小依次为乌当区>兴仁市>西秀区，分别为50.80%、37.15%和14.20%，均为中等变异。

表 9-12　无籽刺梨种植基地土壤中 Zn 含量状况

样地	样本数	范围/(mg/kg)	均值/(mg/kg)	标准差/(mg/kg)	变异系数/%
兴仁市	10	14.77~120.20	82.97	30.82	37.15
乌当区	9	45.17~195.80	103.37	52.51	50.80
西秀区	10	99.00~154.80	136.34	19.36	14.20

8. 喀斯特山区无籽刺梨种植基地土壤中 Ni 的含量状况

如表 9-13 所示，通过对不同无籽刺梨种植基地土壤中 Ni 含量的检测分析，发现土壤中的 Ni 的平均含量相差不大，但均高于贵州省的土壤背景值(39.10 mg/kg)，均值大小关系为乌当区(45.02mg/kg)>西秀区(43.41mg/kg)>兴仁市(43.37mg/kg)，三个地区无籽刺梨种植基地土壤中 Ni 含量均低于农用地风险筛选值(100.00mg/kg)。含 Ni 的大气颗粒物沉降、含镍废水灌溉、动植物残体腐烂、岩石风化等都是土壤中 Ni 的来源。从变异系数看，大小关系为兴仁市>乌当区>西秀区，分别为42.80%、42.05%和18.98%，均为中等变异。

表 9-13　无籽刺梨种植基地土壤中 Ni 含量状况

样地	样本数	范围/(mg/kg)	均值/(mg/kg)	标准差/(mg/kg)	变异系数/%
兴仁市	10	13.71~64.09	43.37	18.56	42.80
乌当区	9	25.22~78.44	45.02	18.93	42.05
西秀区	10	34.33~62.61	43.41	8.24	18.98

9.2　无籽刺梨种植基地土壤重金属环境质量评价

9.2.1　种植基地土壤重金属环境质量评价

按照前文所述评价模式和评价方法，以贵州省土壤环境背景值和《国家土壤环境质量》作为评价标准，评价喀斯特山区无籽刺梨种植基地土壤中 Hg、As、Pb、Cd、Cr、Cu、Zn 和 Ni 8 种重金属元素污染程度与三个典型区的总体污染水平。

　　对于喀斯特山区三个无籽刺梨种植基地土壤重金属的污染现状，分析表 9-14 中污染指数可知，三个基地的土壤都受到了各项重金属不同程度的污染，地区差别较明显，但以贵州省土壤重金属的背景值为标准来看，三地种植基地土壤均达到中污染水平。各重金属元素在三地的大小关系如下：Hg 元素为兴仁市>乌当区>西秀区；As 元素为兴仁市>乌当区>西秀区；Pb 元素为西秀区>兴仁市>乌当区；Cd 元素为乌当区>兴仁市>西秀区；Cu 元素为西秀区>兴仁市>乌当区；Cr 元素为乌当区>西秀区>兴仁市；Zn 元素为西秀区>乌当区>兴仁市；Ni 元素为乌当区>西秀区=兴仁市。乌当区种植基地土壤中的 Cd 和 Cr 元素以及西秀区种植基地的 Cr 元素均达到重污染级别，需特别引起注意。为了验证结果的真实性，前期调查选择以乌当区作为对照点，对比表 9-14 和表 9-15 后，发现乌当区种植基地土壤中的 Cd 元素也达到了重污染级别，说明结果较可靠。贵州大学与贵州省理化测试分析研究中心的研究结果也表明，贵州省 Cr 的单因子污染指数达到 4.05，属于重污染区(张莉和周康，2005)，也与本书研究结果一致，而 Cr 元素在乌当区和西秀区种植基地土壤的污染较重，这也与 Yang 等(2014)对贵州省其他无籽刺梨种植基地 Cr 污染较严重的结论相吻合。而根据前期监测与后期的土壤调查结果，除了 Hg 元素和 Cr 元素的变化较大以外，乌当区其余元素的变化不大，说明土壤 Hg 元素和 Cr 元素的变化有可能来自外源输入变化。

表 9-14　土壤单因子和内梅罗综合指数分级结果

样地	元素	单因子指数	污染等级	内梅罗综合指数
兴仁市	Hg	2.59	中污染	2.86 中污染
	As	1.30	轻污染	
	Pb	2.43	中污染	
	Cd	1.03	轻污染	
	Cu	0.47	安全	
	Cr	2.45	中污染	
	Zn	1.01	轻污染	
	Ni	1.11	轻污染	
乌当区	Hg	1.96	轻污染	2.79 中污染
	As	0.63	安全	
	Pb	2.39	中污染	
	Cd	4.64	重污染	
	Cu	0.40	安全	
	Cr	4.00	重污染	
	Zn	1.25	轻污染	
	Ni	1.15	轻污染	
西秀区	Hg	1.78	轻污染	2.84 中污染
	As	0.52	安全	

样地	元素	单因子指数	污染等级	内梅罗综合指数
	Pb	2.83	中污染	
	Cd	0.79	警戒线	
	Cu	0.61	安全	
	Cr	3.48	重污染	
	Zn	1.65	轻污染	
	Ni	1.11	轻污染	

表 9-15　前期调查土壤单因子和内梅罗综合指数分级结果

样地	元素	单因子指数	污染等级	内梅罗综合指数
	Hg	4.18	重污染	
	As	0.62	安全	
	Pb	1.19	轻污染	
乌当区	Cd	4.26	重污染	3.28 重污染
	Cr	1.02	轻污染	
	Cu	0.79	警戒线	
	Zn	1.31	轻污染	
	Ni	1.22	轻污染	

　　根据实验室分析和统计计算，参照国家土壤重金属二级标准中指标的限量值，得到喀斯特山区中三个无籽刺梨种植基地土壤重金属的超标率，从表 9-16 可看出，采集所有土壤样本中，Pb 元素、Cu 元素和 Zn 元素均未出现超标现象，除了 Pb 元素外，其余与土壤综合指数法的研究较一致，这是由于国家土壤 2 级标准与贵州省背景值相差较多所致。三地土壤中 Hg 元素、As 元素和 Cr 元素出现超标，但超标不多，说明存在点源污染。而三地土壤中均存在 Cd 元素和 Ni 元素污染，特别是 Cd 元素超标较多，说明存在面源污染，这也与上述研究结果吻合。

表 9-16　研究区土壤重金属元素的超标率结果 (%)

研究区	Hg	As	Pb	Cd	Cu	Cr	Zn	Ni
兴仁市	—	20.00	—	60.00	—	10.00	—	60.00
乌当区	—	—	—	89.00	—	11.00	—	33.00
西秀区	10.00	—	—	90.00	—	—	—	20.00

9.2.2　种植基地土壤重金属元素的相关性分析

　　根据表 9-17 喀斯特山区中无籽刺梨种植基地土壤重金属相关性矩阵可知，Cr-Cd、

Zn-Pb、Zn-Cu、Zn-Cr、Ni-Cu、Ni-Cr、Ni-Zn 与有机质和 Cr 元素之间均存在着极显著的正相关关系，协同效应明显；有机质与 As 元素之间存在着极显著的负相关关系，这可能是因为 As 元素在土壤中的吸附主要与土壤类型有关，受到土壤中 Fe、Al 氧化物含量的显著影响，但石漠化地区 Fe、Al 氧化物晶体的老化，抑制了 As 在土壤中的吸附(王擎运，2008)；而 Hg-Cu、Pb-Cu、Pb-Cr、Cu-Cr、Ni-As、Ni-Pb、Ni-Cd 与有机质和 Cd 之间存在显著的正相关关系，有可能具有某种同源性。

表 9-17　土壤重金属元素之间以及与 pH、有机质的相关性

	Hg	As	Pb	Cd	Cu	Cr	Zn	Ni	pH	有机质
Hg	1.00	0.32	0.01	−0.11	0.38*	0.00	−0.04	0.30	0.07	−0.26
As		1.00	0.33	−0.20	0.34	−0.19	−0.18	0.40*	−0.11	−0.52**
Pb			1.00	0.06	0.41*	0.46*	0.50**	0.42*	0.13	0.13
Cd				1	−0.08	0.75**	0.34	0.43*	−0.34	0.44*
Cu					1	0.39*	0.56**	0.71**	0.25	−0.04
Cr						1	0.69**	0.60**	−0.03	0.55**
Zn							1	0.60**	0.29	0.35
Ni								1.00	0.08	0.02
pH									1.00	−0.11
有机质										1.00

注：*和**分别表示在 0.05 和 0.01 水平(双侧)上显著相关。

9.3　典型种植基地土壤物理性质评价

9.3.1　无籽刺梨典型种植基地土壤物理性质状况

1. 典型种植基地土壤含水量现状

土壤含水量是指相对于土壤一定质量或溶剂中的水量分数或百分比，土壤含水量的多少直接影响土壤的适耕性和植物的生长发育(张韫，2011)。由于兴仁市、乌当区和西秀区无籽刺梨种植基地分别为 1～2 年林、3～4 年林和 8～9 年林，基本处于一个连续的时间序列之中，植被通过截留、蒸腾以及根系汲水作用影响土壤水动态过程，改变土壤的透水及持水性能(蔡成凤和刘友兆，2005)。由表 9-18 分析可知，喀斯特山区无籽刺梨种植基地土壤含水量大小状况依次为西秀区>兴仁市>乌当区。在种植初期即 4 年之内，种植基地的含水量变化不大，甚至出现了略有下降的趋势，但土壤含水量也随着种植时间的增加而增加。兴仁市和乌当区的土壤含水量略低于前人的研究(宁晨，2013)，显示出近 4 年来的变化较小，但三个地区均高于城市森林土壤含水率(高述超等，2010；刘为华等，2009)。有研究认为，对于喀斯特地区而言，植被覆盖度增加，对土壤水分含量及表面蒸发影响较

大，而且根系发育的差异使得土壤对这种影响的水分响应不尽相同(王思砚等，2010)。喀斯特地区石漠化发育过程的土壤粗粒化，会引起土体的分散和结构的破坏，造成土壤物理性质的变化，从而会对土壤水分变化产生一定的影响，基本呈现出潜在石漠化>轻度石漠化>中度石漠化(王思砚等，2010)。这也与本书的研究结果一致。

表 9-18　喀斯特山区无籽刺梨种植基地土壤含水量状况

样地	样本数	范围/%	均值/%	标准差	变异系数/%
兴仁市	10	0.14~0.39	24.43	0.08	33.45
乌当区	9	0.19~0.31	24.10	0.05	20.33
西秀区	10	0.21~0.30	25.27	0.03	10.26

2. 典型种植基地土壤中田间持水量现状

田间持水量是指毛管水达到最大时的土壤含水量(黄馨等 2014)。也就是说，土壤水分超过田间持水量，多余的水分就会渗透，没有不透水层的干扰，就会在重力作用下渗透到地下水中去。喀斯特地区尤其如此。根据表 9-19，喀斯特山区无籽刺梨种植基地土壤中田间持水量大小状况为西秀区>乌当区>兴仁市，呈现出随着林龄增加逐渐增加的趋势。一般来说，壤土田间持水量为 11.49%~26.90%(陈翠玲等，2011)，本书的研究结果处于此区间。

表 9-19　无籽刺梨种植基地土壤中田间持水量状况

样地	样本数	范围/%	均值/%	标准差	变异系数/%
兴仁市	10	0.12~0.18	14.54	2.11	14.48
乌当区	9	0.11~0.18	14.93	2.58	17.30
西秀区	10	0.11~0.21	15.06	2.92	19.42

3. 典型种植基地土壤中毛管持水量现状

毛管水是土壤中最宝贵的水分。只要有毛吸管作用，土壤便可将水分循着毛管孔隙输送到植物根系附近，并溶解各种营养，为植物所吸收。因此，测定土壤毛管持水量有重要价值(常征和徐海轶，2009)。根据表 9-20，喀斯特山区无籽刺梨种植基地土壤中田间持水量大小状况为西秀区>乌当区>兴仁市，也呈现出随着林龄增加缓慢上升的趋势，表明土壤的水分环境随着林龄增加逐步改善。三个地区种植基地土壤中毛管持水量范围分别为 11.51%~17.39%、10.85%~18.35% 和 10.64%~20.62%，均值依次为 14.54%、14.93% 和 15.06%，变异系数均在 20% 以下，说明相同基地不同样点之间的差异性不明显。

表 9-20　无籽刺梨种植基地土壤中毛管持水量现状

样地	样点数	范围/%	均值/%	变异系数/%	95%置信区间
兴仁市	15	11.51～17.39	14.54	14.48	14.54±4.14
乌当区	13	10.85～18.35	14.93	17.30	14.93±5.06
西秀区	15	10.64～20.62	15.06	19.42	15.06±5.72

4. 典型种植基地土壤中总孔隙度现状

空气是土壤的重要组成成分，是土壤肥力因素之一，通气性是作物生长的重要土壤条件，而孔隙度决定着土壤水分和空气状况，这些因素的配合可促进植物生长的良好条件或不利条件(Дрожжина et al., 1986)。根据表 9-21 可知，与土壤持水量类似，喀斯特山区无籽刺梨种植基地土壤中总孔隙度也呈现出随着林龄增加逐渐改善的趋势。喀斯特原生裸地土壤较紧实，土壤空隙较小，经过一段时间的种植以后，达到了黏质土孔隙度的范围(45%～60%)。三个研究区种植基地土壤中总孔隙度范围分别为 33.52%～49.95%、42.04%～53.47%和 34.52%～54.37%，均值分别为 42.40%、44.71%和 45.29%，变异系数均在 15%以下，特别是乌当区的变异系数为 8.24%，为弱变异，差异较小。

表 9-21　无籽刺梨种植基地土壤中总孔隙度现状

研究区	样点数	范围/%	均值/%	变异系数/%	95%置信区间
兴仁市	15	33.52～49.95	42.40	12.43	42.40±10.33
乌当区	13	42.04～53.47	44.71	8.24	44.71±7.23
西秀区	15	34.52～54.37	45.29	14.61	42.29±12.98

5. 典型种植基地土壤容重现状

容重是计算许多反映土壤性质的数值的基础数据，又是土壤熟化程度的指标之一，是一定容积的土壤烘干后的重量与同容积水重量的比值，它与土壤质地、压实状况、土壤颗粒密度、土壤有机质含量及各种土壤管理措施有关(侯鹏等，2012)。一般情况下，土壤容重变化范围为 0.9～1.7g/cm³(李志洪等，2005)，容重越高则土壤越易板结，透水性和通气性也更差(孙素琪等，2015)，当土壤容重大于 1.6g/cm³ 时，将影响植物根系的生长(Ditzler and Tugel，2002)。三个研究区的土壤容重平均水平均低于此警戒值，但兴仁市的个别样点高于此值，这与兴仁市的果树生长环境较差相吻合，同时也说明了无籽刺梨的种植可降低土壤容重。由表 9-22 可知，三个研究区种植基地土壤容重范围分别为 1.24～1.70g/cm³、1.23～1.59g/cm³ 和 1.17～1.62g/cm³，均值分别为 1.49g/cm³、1.47g/cm³ 和 1.41g/cm³，变异系数均小于 10%，差异不大，为弱变异。

表 9-22　无籽刺梨种植基地土壤容重现状

研究区	样点数	范围/(g/cm³)	均值/(g/cm³)	变异系数/%	95%置信区间
兴仁市	15	1.24～1.70	1.49	9.34	1.49±0.27
乌当区	13	1.23～1.59	1.47	9.37	1.47±0.27
西秀区	15	1.17～1.62	1.41	9.41	1.41±0.26

9.3.2　典型种植基地土壤相关化学指标现状

土壤的有效养分可反映土壤的肥沃程度，是可以直接被植物吸收和利用的营养养分，对作物产量和品质的提升具有直接的影响（胡荣梅和陈定一，1961）。这些营养成分在作物的生长和发育过程中，发挥着各自重要且独特的作用，缺乏某一种元素，会引起作物相应的缺素症状，影响作物的长势与品质；而某一种元素过量同样也会导致营养失衡或引起元素毒害症，削弱作物的生产能力。通过采集无籽刺梨种植基地土壤样品带回实验室检验分析，了解贵州喀斯特山区无籽刺梨种植基地土壤有效养分含量状况及丰缺程度，为无籽刺梨种植基地土壤施肥提供必要的数据支持与参考依据，对促进贵州无籽刺梨产业的健康发展具有重要意义。

1. 土壤 pH 状况

整体来看（表 9-23），无籽刺梨种植基地土壤呈微酸性与中性，较适宜无籽刺梨的生长（杨皓等，2015a）。兴仁市土壤、乌当区土壤和西秀区土壤的 pH 均值分别为 6.83、6.64 和 6.38，呈现随着林龄的增加，土壤 pH 逐渐下降的趋势。无籽刺梨生长的最适 pH 为 5.5～6.5 的微酸性土壤，可见西秀区土壤整体上已处于此区间，乌当区土壤接近此最适区间，且三个地区基地土壤 pH 的变异程度均小于 10%，处于弱变异，说明各样地内部之间 pH 的变化程度不明显。种植基地土壤偏碱可能与土壤母质的成土条件有关，贵州地区属于亚热带喀斯特山区环境的隐性石灰岩性土壤，其土壤发育很大程度上得益于碳酸盐母质条件，在可溶性石灰岩基础上发育着广阔的喀斯特地貌，土壤类型多为地带性黄壤和黄红壤，由于土壤钙富集（宁婧，2009），pH 呈中性，经过无籽刺梨的种植之后，土壤 pH 呈下降趋势的原因可能是凋落物的分解与根系分泌物的作用。

表 9-23　土壤 pH 状况

研究区	样点数	范围	均值	变异系数	95%置信区间
兴仁市	15	5.72～7.20	6.83	6.42	6.83±0.88
乌当区	13	6.24～7.35	6.64	5.82	6.24±0.76
西秀区	15	6.12～6.84	6.38	3.26	6.38±0.49

2. 土壤有机质状况

土壤有机质是土壤固相部分的重要组成成分，各种动植物的残体、微生物体及其会分解和合成的各种有机质，对土壤形成、土壤肥力、环境保护及农林业可持续发展等方面都有着极其重要的作用(Luo et al.，2014；Bending et al.，2002)。与全国第二次土壤普查结果相比，研究区的有机质含量较丰富，达到2级及以上水平，并在3～4年达到最高值，可能与种植初期基地的加强管理有关。根据前人的研究，贵州省土壤有机质含量一般变动为0.69%～7.35%，属于高含量区域(尹迪信，1988)，与本书研究结果一致。在连年生长的情况下，无籽刺梨向地面返还的枯落物与根际分泌的有机酸加强了土壤的生物活动，增加了土壤有机质含量，但喀斯特本身土壤贫瘠，因此土壤有机质并不会无限增加，甚至出现缓慢下降的情况，这也符合喀斯特地区的土壤特点。根据表9-24，无籽刺梨种植基地土壤中有机质均值大小状况为乌当区>西秀区>兴仁市，呈现随着林龄增加先增加后稳定乃至略有下降的趋势。三个研究区种植基地土壤中有机质范围分别为8.95～51.75g/kg、36.66～61.98g/kg和34.30～65.00g/kg，均值分别为32.30g/kg、50.84g/kg和48.57g/kg，变异系数相差较大，特别是兴仁市研究区，这可能也与兴仁市种植基地面积较大有关，三个研究区均为低等变异(表9-24)。

表 9-24　土壤有机质状况

研究区	样点数	范围/(g/kg)	均值/(g/kg)	变异系数/%	95%置信区间
兴仁市	15	8.95～51.75	32.30	48.23	32.30±0.88
乌当区	13	36.66～61.98	50.84	19.00	50.84±18.93
西秀区	15	34.30～65.00	48.57	24.98	48.57±24.25

3. 土壤氮素状况

土壤是作物氮素营养的主要来源，土壤的全氮含量代表着土壤氮素的总贮量和供氮潜力，与有机质含量相关性较大，也是土壤肥力的重要指标之一(高晓宁，2009)。而碱解氮可反映近期内土壤氮的供应状况和氮的释放速率(崔涛，2015)。如表9-25所示，三个研究区的全氮范围分别为0.41～2.40g/kg、1.50～2.73g/kg和0.60～2.83g/kg，均值分别为1.34g/kg、2.06g/kg和1.78g/kg，呈现出随着林龄增加先增加后缓慢下降的趋势，可能与种植初期基地的加强管理有关。对比全国第二次土壤普查结果，其平均值分别处于中上、很高及较高的水平。变异系数分别为47.51%、21.43%和31.33%，分别属于中度变异、低等变异和低等变异水平。三个研究区的碱解氮范围分别为34.37～257.71mg/kg、87.20～191.93mg/kg和67.02～214.48mg/kg，均值分别为88.83mg/kg、126.19mg/kg和116.30mg/kg，其变化趋势与土壤全氮类似，这可能是由于土壤氮素有95%以上是以有机态存在，矿化后才被植物所利用(Carter and Rennie，1982)，体现了有机质与全氮和碱解氮的密切相关性，其整体表现分别处于全国第二次土壤普查标准的中下、高和中上水平。变异系数分别为

72.97%、24.58%和 36.60%，兴仁市种植基地的碱解氮变异系数明显大于另外两地，这可能也与兴仁市基地的面积较大和样点间隔较远有关。

表 9-25　土壤氮素状况

指标	研究区	样点数	范围	均值	变异系数/%	95%置信区间
全氮/(g/kg)	兴仁市	15	0.41～2.40	1.34	47.51	1.34±1.10
	乌当区	13	1.50～2.73	2.06	21.43	2.06±0.86
	西秀区	15	0.60～2.83	1.78	31.33	1.78±1.16
碱解氮/(mg/kg)	兴仁市	15	34.37～257.71	88.83	72.97	88.83±134.22
	乌当区	13	87.20～191.93	126.19	24.58	136.19±60.79
	西秀区	15	67.02～214.48	116.30	36.60	116.30±86.75

4. 土壤磷素状况

土壤全磷量即磷的总贮量，是土壤中各种形态磷素的总和(张韫，2011)。而有效磷是土壤中可被植物吸收的磷组分，是衡量土壤磷素养分供应水平高低的直接指标，也是植物生长发育的主要限制因子。土壤磷素含量高低在一定程度上反映了土壤中磷素的贮量和供应能力(杨阳，2005)。如表 9-26 所示，三个研究区的全磷范围分别为 0.16～0.40g/kg、0.02～0.35g/kg 和 0.13～0.75g/kg，均值分别为 0.29g/kg、0.25g/kg 和 0.44g/kg，呈现出随着林龄增加短期增加缓慢甚至略有下降，长期有所增加的趋势，对比全国第二次土壤普查结果，分别处于较低、较低和中下水平，土壤缺磷明显，属喀斯特地质性缺磷(张润宇等，2014)。喀斯特土壤中游离碳酸钙的含量对磷的有效性影响也很大，如磷酸一钙、磷酸二钙、磷酸三钙随着钙的比例增加，其溶解度和有效性逐渐降低。土壤本身的固磷作用使土壤中磷的有效度减少，造成磷肥的利用率降低(不到30%)(金亮等，2009)。三个研究区的速效磷范围分别为 3.31～8.04mg/kg、3.18～8.56mg/kg 和 8.12～35.39mg/kg，均值分别为 4.94mg/kg、4.95mg/kg 和 19.25mg/kg，分别处于全国第二次土壤普查标准的较低、较低和中上水平，变异系数分别为 9.47%、30.87%和 18.70%，变化趋势也与土壤全磷较类似，在经过长时间的种植之后，土壤磷素状况变化显著。

表 9-26　土壤磷素状况

指标	研究区	样点数	范围	均值	变异系数/%	95%置信区间
全磷/(g/kg)	兴仁市	15	0.16～0.40	0.29	24.77	0.29±0.12
	乌当区	13	0.02～0.35	0.25	38.53	0.25±0.16
	西秀区	15	0.13～0.75	0.44	45.57	0.44±0.37
速效磷/(mg/kg)	兴仁市	15	3.31～8.04	4.94	9.47	4.94±3.08
	乌当区	13	3.18～8.56	4.95	30.87	4.95±3.00
	西秀区	15	8.12～35.39	19.25	18.70	8.12±22.81

5. 土壤钾素状况

土壤全钾是反映土壤供钾能力的重要指标，它能促进植株茎干健壮，改善果实品质，增强植株抗寒能力，提高果实的糖分和 VC 含量(吴清华等，2013)。有效钾是土壤中可以被植物直接吸收利用的钾，包括土壤溶液中游离的钾离子和胶体上吸附的交换性钾，其含量受施肥、基质、气候条件等影响(梁贵等，2015)。如表 9-27 所示，三个研究区的全钾范围分别为 0.51～4.75g/kg、0.63～8.76g/kg 和 2.55～8.86g/kg，均值分别为 2.30g/kg、4.90g/kg 和 5.27g/kg，呈现出随林龄增加逐渐增加的趋势，与全国第二次土壤普查结果相比，研究区的全钾平均含量分别处于很低、很低和较低水平，土壤全钾极缺乏，与实际情况相符。黄壤或者黄壤与石灰性混合土壤是中国最贫钾的土壤之一，土壤闭结，再加上研究区喜作物间种套作，作物需钾量大，而土壤供钾能力严重不足(彭琴，2007)。黄壤熟化程度不高，而且因贵州喀斯特地区特殊的地质条件，岩体具有较高的裂隙与渗透性，土壤钾素易溶于水再受到降雨淋溶造成营养下渗和流失(杨皓等，2015b)。三个研究区的速效钾范围分别为 9.53～65.62mg/kg、22.51～117.82mg/kg 和 70.81～139.26mg/kg，均值分别为 29.02mg/kg、55.13mg/kg 和 105.76mg/kg，分别处于全国第二次土壤普查标准的较低、中下和中上水平，变异系数分别为 71.41%、51.34%和 20.14%，变异程度相对较大，这可能与钾素受土壤母质以及植被和土壤水分的淋洗有关，速效钾的变化趋势也与土壤全钾较类似，在经过长时间的种植之后，土壤钾素变化显著。

表 9-27　土壤钾素状况

指标	研究区	样点数	范围	均值	变异系数/%	95%置信区间
全钾/(g/kg)	兴仁市	15	0.51～4.75	2.30	60.54	2.3±2.33
	乌当区	13	0.63～8.76	4.90	47.51	4.9±4.57
	西秀区	15	2.55～8.86	5.27	43.42	5.27±4.76
速效钾/(mg/kg)	兴仁市	15	9.53～65.62	29.02	71.41	29.02±42.69
	乌当区	13	22.51～117.82	55.13	51.34	55.13±55.47
	西秀区	15	70.81～139.26	105.76	20.14	105.76±207.29

6. 土壤微量元素有效态状况

果树生长必需的锌、铁、铜、锰等微量元素主要靠土壤和施肥供给与维持，其中任何一种元素的供求失衡都将导致果树体内生理机能的异常，出现病变(黄增奎和娄烽，1996；Undewood，1981)。如表 9-28 所示，三个研究区有效锌的均值分别为 0.52mg/kg、1.06mg/kg 和 1.38mg/kg，对比全国第二次土壤普查结果，分别处于适中、高量和高量水平。而从变异系数来看，三个地区分别为 61.14%、36.77%和 65.22%，推测可能受到环境与施肥的影响。三个研究区有效铁的均值分别为 8.15mg/kg、16.18mg/kg 和 11.89mg/kg，分别处于全国第二次土壤普查标准的适中、高量和高量水平，变异系数也相对较大，其原因与有效锌类似。铁是一种比较容易产生氧化还原反应的元素，在石灰岩地区土壤中铁元素相对较少，而在 pH 逐渐减小的过程中，铁的溶解度逐渐变大，还原条件使三价铁还原为二价铁，铁的有效性增加(孙祖琰等，1987)。三个研究区有效铜的均值分别为0.62mg/kg、0.76mg/kg 和 1.54mg/kg，对比全国第二次土壤普查结果，分别处于适中、适中和高量水平。无籽刺梨生长过程中，根系不断分泌出酸性物质，降低了土壤的酸碱度，其产生的有机酸和腐殖酸可与铜离子形成络合反应，同时有机质还可能与铜结合产生沉淀，并将铜固定在土壤表层，增加了铜的有效性(杨皓等，2015b)。三个研究区有效锰的均值分别为 8.42mg/kg、26.80mg/kg 和 9.18mg/kg，分别处于全国第二次土壤普查标准的适中、高量和适中水平，呈现出随着林龄增加先增加后下降的趋势。

表 9-28　土壤微量元素有效态状况

指标	研究区	样点数	范围/(mg/kg)	均值/(mg/kg)	变异系数/%	95%置信区间
有效锌	兴仁市	15	0.13～1.17	0.52	61.14	0.52±0.55
	乌当区	13	0.28～1.49	1.06	36.77	4.9±4.57
	西秀区	15	0.41～3.23	1.38	65.22	5.27±4.76
有效铁	兴仁市	15	1.44～20.15	8.15	77.67	29.02±42.69
	乌当区	13	3.19～26.51	16.18	46.27	55.13±55.47
	西秀区	15	6.15～22.28	11.89	35.92	105.76±207.29
有效铜	兴仁市	15	0.21～1.10	0.62	43.92	2.3±2.33
	乌当区	13	0.57～0.98	0.76	20.62	4.9±4.57
	西秀区	15	0.67～3.02	1.54	41.24	5.27±4.76
有效锰	兴仁市	15	2.57～20.68	8.42	70.53	29.02±42.69
	乌当区	13	4.05～39.92	26.80	41.49	55.13±55.47
	西秀区	15	4.23～34.41	9.18	88.25	105.76±207.29

9.3.3　无籽刺梨种植基地土壤相关生物指标现状分析

土壤酶是土壤的重要组成部分，其主要作用是在土壤颗粒、作物根系和微生物细胞表面发生的土壤层内的自然界物质循环，与环境有高度的同一性，酶促作用使土壤具有同生物体相似的组织代谢能力(Blair et al.，1995)。有研究表明，接近 90%的土壤酶活性可能与植物根系的分泌物有关(Blois，1958)，酶活性的高低与土壤肥力因子以及土壤熟化度有关，并能反映土壤养分转化能力的强弱(Ditzler and Tugel，2002；Borg and Jonsson，1996)，土壤酶与肥力因子之间的关系一直是各类土壤环境研究的热点问题。影响作物品质的土壤酶主要有脲酶、蔗糖酶与过氧化氢酶等，不同的酶活性随着种植年限的增加呈不同的变化趋势，这些酶活性的变化直接影响土壤营养的转化及作物对营养的吸收，进而影响作物生长和有效化学物质的形成(European Commission，2006；Fan and Li，

2002）。目前有关土壤酶活性的研究主要集中于土壤酶活性的来源和性质、酶活性对土壤质量的影响以及微生物与酶活性的关系等方面（FAO/WHO，1973），较少有针对特定区域的土壤酶与土壤肥力因子的综合研究，特别是对不同林龄的无籽刺梨基地的根系土壤酶活性与土壤养分之间关系的研究。因此本研究以贵州喀斯特山区不同林龄的无籽刺梨种植基地的根系土壤为研究对象，分析其土壤酶活性与土壤肥力因子的关系，探讨植被恢复过程中土壤酶与土壤肥力因子的关系，旨为喀斯特山区造林过程中的树种选择、土地利用及生态修复提供科学依据和参考。

　　土壤是一个独立且复杂的历史自然体，特别是长期耕作的农业土壤，在受到环境因素（包括物理因素、化学因素和生物因素）以及外界干扰等条件的综合作用下，发生复杂变化（占丽平等，2012）。许多研究结果表明，土壤酶参与了其中重要的土壤生化过程，其活性与土壤的肥力因子、土壤生物数量和土壤环境条件都存在着相互联系（West et al.，1981）。脲酶（urease）是氮素循环的关键酶类，其活性在某些方面反映了土壤供氮能力与水平（Liu et al.，2014）；蔗糖酶（invertase）来自植物根系和微生物，参与土壤物质循环，对增加土壤中易溶性养分物质含量起着重要作用（West et al.，1981）；过氧化氢酶（Catalase）可将过氧化氢分解为水和氧气，减轻土壤中过氧化氢的毒害作用并促进有机质的分解（Yang et al.，2014）。由图 9-1 可知，喀斯特山区不同林龄的三个无籽刺梨种植基地根系土壤的酶活性的大小关系为西秀（8～9a）＞乌当（3～4a）＞兴仁（1～2a），变化趋势相同，随着时间的增加有递增的趋势，但不同酶活性的递增趋势差异较大。特别是蔗糖酶活性随着种植年限的增加，其增加趋势较另外两种酶明显，说明随着种植年限的增加（特别是栽培初期），良好的抚育管理和肥料的使用所带来的土壤条件的改变，反映了人为因素对该地区土壤熟化的影响。其根系分泌物和凋落物等刺激了蔗糖酶的活性，随着种植年限的逐年增加，土壤的 pH 从 6.8 降至 6.3，土壤酶活性也随之增加，这也与王涵等（2008）的研究结论一致，即土壤酸化能够激活蔗糖酶。有研究发现不同林龄的柠条林土壤蔗糖酶、脲酶活性总体也表现为中龄林高于幼龄林（安明态等，2008），此研究结论也印证了本书的观点。其原因可能为：随着种植年限的增加，土壤中凋落物增多，凋落物的分解致使土壤 pH 下降，且随种植年限的增加，较高的郁闭度可以增加截流降水，致使土壤 pH 降低，进而刺激土壤蔗糖酶、脲酶活性（班胜学，2013）。过氧化氢酶的变化则是由于土壤 pH 改变了用于结合或催化的氨基酸功能基团的空间结构，干扰了其对 pH 的敏感性来影响过氧化氢酶活性。喀斯特山区植被恢复是一个复杂的过程，土壤酶活性除了受到土壤肥力因子等的影响外，还与种植年限有关，研究发现不同酶类随种植年限的变化表现出一定的规律，表明种植年限的增加能有效促进土壤中营养物质的循环和代谢。

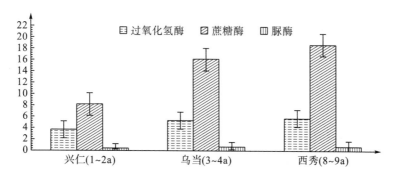

图 9-1 三个典型研究区的土壤酶活性的变化趋势

注：过氧化氢酶单位为 $0.1mol \cdot L^{-1}KMnO_4\, ml \cdot (g \cdot 20min)^{-1}$，蔗糖酶单位为 $glucose\, mg \cdot (g \cdot 24h)^{-1}$，

脲酶单位为 $NH_3\text{-}N\, mg \cdot (g \cdot 24h)^{-1}$。

1. 土壤过氧化氢酶状况

土壤过氧化氢受酶促作用，可分解为氧气和水，有利于防止其对生物体的毒害作用。一般认为土壤催化过氧化氢分解的活性，有 30% 或 40% 以上是耐热的，即非生物活性，常由锰、铁引起催化作用，土壤肥力因子与不耐热的即过氧化氢酶活性成正比例（黄世伟，1981）。根据表 9-29，喀斯特山区三个无籽刺梨种植基地的过氧化氢酶均值分别为 3.57 U、5.83 U 和 5.65 U。过氧化氢酶表现为随着林龄增加先升高后略有下降，乌当区的 3～4a 林达到峰值，这与杜俊龙等（2015）对干旱区枣园土壤的研究结论一致。究其原因，一方面，由于无籽刺梨的种植管理措施改善了土壤的理化性状，加快了土壤的熟化，同时根系分泌作用有利于微生物的活动和酶活性的提高；另一方面，随着种植年限的增加，其根系分泌物易分解形成氢氰酸和苯甲酸等酚酸类物质，再加上长期种植并重复施肥，会导致作物对营养需求专一，缺乏互补性会使土壤养分失衡，进而改变或破坏土壤环境，物质代谢、养分转化及解毒能力随之降低，过氧化氢酶活性也因此下降（范玉贞和崔兴国，2011）。

表 9-29 土壤过氧化氢酶状况

研究区	样点数	范围 /[$0.1mol \cdot L^{-1}KMnO_4$ $ml \cdot (g \cdot 20\, min)^{-1}$]	均值/ [$0.1mol \cdot L^{-1}KMnO_4$ $ml \cdot (g \cdot 20\, min)^{-1}$]	变异系数/%	95%置信区间
兴仁市	15	2.02～5.36	3.57	0.2829	3.57±1.98
乌当区	13	3.96～8.21	5.83	0.4889	5.28±5.59
西秀区	15	4.26～7.60	5.65	0.1858	5.65±2.06

2. 土壤蔗糖酶状况

蔗糖酶是根据其酶促基质——蔗糖而得名的，又叫转化酶。它对增加土壤中易溶性营养物质起重要的作用（祝惠，2008）。研究表明，蔗糖酶与土壤许多因子有相关性。如与土壤有机质、氮、磷含量，微生物数量及土壤呼吸强度有关。一般情况下，土壤肥力越高，蔗糖酶活性越强。它不仅能够表征土壤生物学活性强度，也可以作为评价土壤熟化程度和土壤肥力水平的一个指标(胡忠良，2013)。根据表 9-30，喀斯特山区三个无籽刺梨种植基地的蔗糖酶均值分别为 8.18U、16.08U 和 18.69U，蔗糖酶活性随着种植年限的增加，其增加趋势明显，而土壤蔗糖酶与土壤中的有机质、氮磷含量以及微生物活动有关，其酶促作用直接影响作物的生长(曹慧等，2003)。随着种植年限的增加(特别是栽培初期)，集中的施肥措施与重点的抚育管理有利于土壤环境的改善(周德平等，2012；Janvier et al.，2007)，反映了人为作用与土壤熟化之间的关系。另外，随着种植年限增加，枯枝落叶覆盖和根系分泌物质等刺激了蔗糖酶的活性，土壤的 pH 下降，土壤酶活性增加，这表明了土壤酸化能够激活蔗糖酶。

表 9-30   土壤蔗糖酶状况

研究区	样点数	范围/ [glucose mg·$(g·24 h)^{-1}$]	均值/ [glucose mg·$(g·24 h)^{-1}$]	变异系数/%	95%置信区间
兴仁市	15	3.24～14.85	8.18	0.2829	8.18±7.45
乌当区	13	9.39～22.78	16.08	0.2730	16.08±8.60
西秀区	15	12.19～30.18	18.69	0.2681	18.69±9.82

3. 土壤脲酶状况

脲酶广泛存在于土壤中，其酶促产物——氨是植物氮源之一。尿素氮肥水解与脲酶密切相关(李昌满等，2007)。同时，脲酶与土壤其他因子(如土壤有机质)也相关(Sun et al.，2015)。根据表 9-31，喀斯特山区三个无籽刺梨种植基地的土壤脲酶均值分别为 0.21U、0.41U 和 0.57U，呈现出随着种植年限增加而逐渐增加的趋势，印证了前人的研究，即植被恢复对土壤脲酶活性增加有一定的促进作用(李翠莲和戴全厚，2012)。喀斯特地区植被恢复过程中，土壤的氮素和有机质增加也较明显，脲酶是土壤中唯一对土壤尿素转化有着重大影响的酶，其土壤根际效应十分明显(邹军等，2010)。在植被演替初期(草丛阶段)及中期(灌木林阶段)，氮素相关因素(如脲酶活性、凋落物氮含量)对氮固定起主导作用(Liu et al.，2014)，证明了在当前阶段土壤脲酶是表征土壤质量的重要指标之一。

表 9-31   土壤脲酶状况

研究区	样点数	范围/[NH_3-N mg·$(g·24h)^{-1}$]	均值/[NH_3-N mg·$(g·24h)^{-1}$]	变异系数/%	95%置信区间
兴仁市	15	0.09～0.47	0.21	0.5238	0.21±0.22
乌当区	13	0.24～0.59	0.41	0.2927	0.41±0.24
西秀区	15	0.28～0.98	0.57	0.3860	0.57±0.43

9.3.4　喀斯特山区无籽刺梨种植基地根系土壤肥力因子相关性分析

由表 9-32 可知，土壤酶活性之间存在着极显著正相关关系，表明植被恢复的程度与土壤中多糖的转化以及与氮素的转化之间关系密切，酶专一地作用于某一种基质，反映与土壤酶相关的有机化合物的转化进程，而酶的共性关系在一定程度上反映土壤肥力水平(鲍士旦，2000)，其中某种酶与基质结合后产生一种或多种信息物质，这些信息物质可以激活其他酶的活性(蔡成凤和刘友兆，2005)。土壤含水量、全氮、有机质、全钾、水解氮和速效钾与过氧化氢酶的相关系数较高，与有机质之间相关系数达 0.708，说明过氧化氢酶活性与有机质含量高低有关。蔗糖酶与土壤有机质、全氮、全磷、全钾、水解氮、速效磷、速效钾之间存在着极显著的正相关关系，与有效铜存在显著相关关系，特别是和有机质、全氮、水解氮之间相关系数较高，说明蔗糖酶对增加土壤中易溶物质有重要作用，在土壤碳、氮转化过程中作用很大，与文献结论相符(曹慧等，2003)。脲酶与有机质、全氮、全磷、水解氮、速效磷、速效钾和有效铜之间呈极显著正相关，与全钾和有效锌之间存在显著的正相关，脲酶能促进尿素的水解，所产生的氨是高等植物的直接氮源，其活性同人工土壤中氮、钾等的转化有关(常征和徐海轶，2009)。因此，土壤酶活性与土壤肥力因子相关性较高，说明土壤酶对土壤肥力的形成与积累有重要影响，可作为评价该地区土壤肥力的生物指标。

表 9-32　研究区土壤酶活性与土壤肥力因子的相关系数

项目	过氧化氢酶	蔗糖酶	脲酶	项目	过氧化氢酶	蔗糖酶	脲酶
过氧化氢酶	1	0.848**	0.739**	全钾	0.493**	0.494**	0.419*
蔗糖酶	0.848**	1	0.894**	水解氮	0.695**	0.716**	0.704**
脲酶	0.739**	0.894**	1	速效磷	0.367	0.484**	0.620**
土壤含水量	0.395*	0.293	0.194	速效钾	0.542**	0.694**	0.689**
pH	0.267	0.282	0.273	有效锌	0.299	0.365	0.401*
有机质	0.708**	0.731**	0.633**	有效铁	0.250	0.288	0.263
全氮	0.743**	0.678**	0.502**	有效铜	0.364	0.428*	0.573**
全磷	0.296	0.476**	0.576**	有效锰	0.264	0.280	0.171

注：*、**分别表示相关性在 0.05、0.01 水平上显著、极显著。

9.3.5　无籽刺梨种植基地根系土壤酶活性与肥力因子通径分析

通径分析是一种基于因果机理的分析方法，其比相关分析提供了更多信息，能区分土壤各肥力因子对土壤酶活性的直接重要性和间接重要性(焦晓光等，2011)。将土壤酶(过氧化氢酶、蔗糖酶、脲酶)活性作为因变量，土壤各肥力因子(土壤含水量、pH、有机质、全氮、全磷、全钾、水解氮、速效磷、速效钾、有效锌、有效铁、有效铜和有效锰)作为自变量,开展通径分析(陈晨,2010),从所有可供选择的自变量中逐步地选择加入或剔除某个自变量,直到建立最优的回归方程为止(表 9-33)。根据决定系数 R^2,三种酶活性分别为 0.789、0.806 和 0.818,则剩余因子分别为 0.4593、0.4405 和 0.4266,数值较大,说明对土壤酶活性的影响不仅仅局限于所选取的 13 种土壤肥力因子,还有一些影响较大的因素未被考虑,有待进一步研究。总体来看,影响三种酶活性的主要因子是速效钾,除此之外,氮素(包括全氮和水解氮)对土壤酶活性的影响也较大。

表 9-33　土壤酶关于土壤肥力因子的逐步回归方程模拟

逐步回归方程	F 值	P 值	R^2
过氧化氢酶= 1.378 + 1.508 TN + 0.013 AK	28.855	<0.01	0.789
蔗糖酶= −0.661 + 0.094 OM + 0.075 AK + 0.055 HN	34.687	<0.01	0.806
脲酶= 0.13 + 0.003 HN + 0.003 AK −1.041 SWC	37.392	<0.01	0.818

由表 9-34 可知,土壤全氮和速效钾含量的直接通径系数为 0.743 和 0.376,系数较大,其通过其他因素对过氧化氢酶的间接通径系数较小,表明土壤全氮和速效钾对过氧化氢酶活性具有强烈的正效应,土壤酶以结合态或游离态的形式参与土壤有机质的分解与合成,以及氮、磷、钾等物质循环(陈翠玲等,2011)。而各因子的决策系数大小反映了影响程度的强弱,全氮、速效钾对过氧化氢酶活性的决策系数分别为 0.552 和 0.141,共同作用系数为 0.025,结果为正值,说明土壤中过氧化氢酶活性起决定作用的理化因子是全氮、速效钾。由表 9-35 可知,土壤有机质、速效钾和水解氮的直接通径系数分别为 0.223、0.479 和 0.434,三者对土壤蔗糖酶的直接影响相较于其他土壤因子显著,有机质含量虽然与土壤蔗糖酶存在较小的直接通径系数,但通过速效钾和水解氮的间接通径系数较大,因此相关性显著,土壤养分对土壤蔗糖酶活性的决策系数的大小关系为速效钾>水解氮>有机质,速效钾对蔗糖酶的直接通径系数较大,因而其对蔗糖酶活性的决策系数值(0.229)相对其他肥力因子较大,对蔗糖酶活性起着决定性作用。由表 9-36 可知,水解氮、速效钾和土壤含水量对土壤脲酶的直接通径系数较大,分别为 0.677、0.571 和−0.266,前两者对脲酶活性的直接作用为正,土壤含水量对脲酶活性的影响为负,由决策系数可知,土壤水解氮和速效钾是影响研究区脲酶活性的主导因素,土壤含水量也对其有直接影响。

表 9-34　土壤过氧化氢酶与土壤肥力因子的通径系数

因子	直接通径系数	间接通径系数		决策系数	
		全氮	速效钾	全氮	速效钾
全氮	0.743	—	0.034	0.552	0.025
速效钾	0.376	0.067	—	—	0.141

表 9-35　土壤蔗糖酶与土壤肥力因子的通径系数

因子	直接通径系数	间接通径系数			决策系数		
		有机质	速效钾	水解氮	有机质	速效钾	水解氮
有机质	0.223	—	0.211	0.297	0.050	0.047	0.066
速效钾	0.479	0.098	—	0.117	—	0.229	0.056
水解氮	0.434	0.153	0.129	—	—	—	0.188

表 9-36　土壤脲酶与土壤肥力因子的通径系数

因子	直接通径系数	间接通径系数			决策系数		
		水解氮	速效钾	土壤含水量	水解氮	速效钾	土壤含水量
水解氮	0.677	—	0.154	-0.127	0.458	0.104	-0.086
速效钾	0.571	0.183	—	-0.064	—	0.326	-0.037
土壤含水量	-0.266	0.323	0.138	—	—	—	0.071

9.3.6　讨论

　　土壤肥力水平在很大程度上受土壤酶的影响,与土壤酶活性之间存在着非常密切的相关关系,肥力水平较高的土壤酶活性往往高于肥力水平较低的(陈家龙等,1995)。选取喀斯特山区不同林龄的三个典型无籽刺梨种植基地为研究对象,对其土壤肥力因子和酶活性的分析表明,土壤肥力因子和酶活性随着种植年限的增加而提高,土壤 pH 趋于刺梨生长适宜的微酸性环境(5.5～6.5)(杨皓等,2016),土壤养分总体质量趋于改善。这是因为,由于种植年限增加,改善了土壤水热条件、通气状况和腐殖质状况,不仅有利于微生物的生长和繁殖,而且为微生物的生长提供了充分的营养源(陈永军,2013;董艳等,2009)。

　　典型相关分析表明,三种土壤酶与土壤多个肥力因子之间存在显著的相关性,而三种酶两两之间也存在着极显著的相关性。除了过氧化氢酶与全磷、速效磷之间的相关性较弱之外,三种酶活性与有机质、全氮、水解氮、全磷、速效磷、全钾和速效钾存在着显著的正相关关系,显示出土壤酶在土壤环境改善的过程中的重要作用,这与文献(陈宗礼等,2012)中得出的结论一致,即土壤酶活性和土壤氮、磷、钾、有机质等密切相关。特别是有机质与三种酶的相关系数较高,分别达到 0.708、0.731、0.633,说明土壤酶活性依赖于有机质的存在,当有机质含量增加时,酶积极参与其转化分解过程,活性提高(程友忠,2015),同时,证明土壤酶活性可以作为表征该地区土壤肥力水平和评判土壤生物活性的指标。

　　通径分析表明,不同肥力因子对酶活性的影响有所差异。速效钾对研究区的土壤酶活性存在着较大的直接正效应,这可能是因为喀斯特山区石灰岩基质上发育的黄壤或石灰土,本身就较缺钾,而土壤中的钾多以成土母质中的矿物质的缓慢释放,且钾易溶于水,再加上石灰岩构造裂隙发育,土壤中的钾素易受集中降水而下渗和流失。这与何腾兵(2000)得出的贵州喀斯特山区土壤总体表现为缺钾的结论吻合。钾素是植物生长的必要元素之一，它具有激活多种酶的活性、提高光合速率、提高物质合成、增强作物抗逆性等功能，同时对于植物光合作用的产物——碳水化合物的运移和储存有重要作用(彭琴，2007)。根据全国第二次土壤普查养分分级标准，兴仁市的速效钾水平处于极缺水平(小于 30 mg/kg)，乌当区和西秀区的速效钾水平处于适量状态(50～150 mg/kg)，与喀斯特山区土壤缺钾的实际情况相符合。根据通径分析，全氮的直接通径系数和决策系数最大，对土壤过氧化氢酶活性的影响也最大，说明全氮和速效钾对过氧化氢酶活性有较强的直接作用，是影响过氧化氢酶活性的主要因素，其结论与刘瑞丰等(2011)对商洛地区土壤过氧化氢酶与土壤养分关系的研究结论一致。土壤肥力因子对蔗糖酶活性影响的直接作用较大的是速效钾、水解氮和有机质，有机质通过速效钾和水解氮的间接作用对蔗糖酶的影响较大，其表现上的相关性也主要来自间接作用，洪常青等(2013)的研究也显示出同样的结果。水解氮、速效钾、土壤含水量对土壤脲酶的直接作用系数(按绝对值大小)排序为水解氮＞速效钾＞土壤含水量，这与廖铁军和黄云(1995)的研究结论类似。土壤含水量的直接通径系数和间接通径系数都较大，对土壤脲酶主要是通过水解氮和速效钾的间接作用，并且抵消了其负的直接影响，因此在土壤含水量与脲酶的关系上表现为显著相关。处于生长期的植物，土壤的脲酶活性随着时间增长逐渐升高，但上升幅度较小。当水分饱和时，土壤脲酶的活性高于一般含水量时的脲酶活性(杜琳倩等，2013)，而本研究的结果也与此结论吻合(土壤含水量变化不大)。对比典型相关或线性回归分析，通径分析能更全面分析变量间的直接与间接相关关系，对土壤酶活性与肥力因子之间的关系进行更客观、全面的解释，使变量间的影响过程更加明确(杜家菊和陈志伟，2010)。

综上所述，喀斯特山区无籽刺梨种植基地表层土壤随着种植年限的增加，土壤环境趋于改善，土壤酶活性也随之增加，无籽刺梨的种植有利于喀斯特山区的植被恢复和土壤肥力的提高。通过分析发现，影响无籽刺梨种植基地土壤过氧化氢酶的主要因子是土壤全氮，其次是土壤速效钾含量；影响土壤蔗糖酶活性的主要因子是速效钾、水解氮和有机质；影响土壤脲酶活性的主要因子包括水解氮、速效钾和土壤含水量，典型相关分析、线性回归分析和通径分析的结果大体吻合。研究结果发现，速效钾含量是影响喀斯特山区无籽刺梨种植基地土壤酶活性的一个关键性因子，根据实际情况有针对性地补施钾肥，能有效改善土壤环境，提高土壤肥力。

9.4　典型种植基地土壤质量评价

土壤质量的核心是土地生产力，即土壤肥力，包括土壤的物理性状、化学性状和生物性状，相关研究也证明，土壤的物理、化学和生物指标是相互影响、相互制约的，其中某个指标的变化也会引起其他指标的相应变化(王世杰，2003)。对作物来说，土壤质量就是要保证土壤能为作物的正常生长发育提供其所需的水、热、气、肥的能力(谢双喜等，2001)。本研究结果表明，随着无籽刺梨种植年限的增加，土壤指标变化明显。

9.4.1 典型种植基地土壤指标的相关性分析

无籽刺梨种植基地土壤指标相关性分析表明（表 9-37），土壤化学指标和生物指标两两之间或与其他土壤质量因子存在明显的相关性关系。土壤有机质、全氮、碱解氮、全磷、速效磷、全钾和速效钾与三种酶活性存在着显著的正相关关系，表明土壤酶活性在土壤质量提高的过程中的独特作用，现有研究已经证明土壤酶活性和土壤氮、磷、钾、有机质等密切相关（鱼海霞等，2013）。有机质与全氮、碱解氮、全钾、有效铁、总孔隙度和毛管持水量存在着极显著的相关性关系，与速效钾、田间持水量呈显著正相关；全氮与有机质、碱解氮和有效铁之间呈极显著正相关，与全钾、土壤含水量、田间持水量呈显著正相关；碱解氮与有机质、全氮、土壤含水量和总孔隙度呈极显著正相关，与有效铁、田间持水量呈显著正相关；全磷与速效磷、速效钾和有效铜呈极显著正相关，与全钾呈显著正相关；速效磷与速效钾、有效铜和有效锰存在极显著正相关关系，与 pH 存在显著正相关关系；全钾与有机质、速效钾呈极显著正相关，与全氮、全磷和毛管持水量呈显著正相关；速效钾与全磷、速效磷、全钾、pH 和有效铁之间呈极显著正相关，与有机质、有效锰和毛管持水量之间呈显著正相关；pH 与速效钾、有效铜之间呈极显著正相关，与速效磷呈显著正相关，与有效锌呈显著负相关。相关性分析结果也表明，土壤物理指标除了土壤容重，其余指标与土壤化学、生物指标都存在着明显的相关性，特别是与有机质、氮素（全氮和碱解氮）和土壤酶活性之间相关性较高。因此，有机质、氮素、土壤酶活性、磷素和钾素是影响土壤质量的重要因子，对该地区的土壤养分循环与积累有重要作用。

表 9-37 典型种植基地土壤因子之间的相关系数

	$X1$	$X2$	$X3$	$X4$	$X5$	$X6$	$X7$	$X8$	$X9$	$X10$	$X11$	$X12$	$X13$	$X14$	$X15$	$X16$	$X17$	$X18$	$X19$
$X2$	0.75**																		
$X3$	0.68**	0.70**																	
$X4$	0.31	0.05	0.25																
$X5$	0.29	−0.01	0.16	0.83**															
$X6$	0.50**	0.43*	0.23	0.40*	0.26														
$X7$	0.44*	0.26	0.27	0.70**	0.71**	0.53**													
$X8$	−0.11	−0.05	−0.06	0.35	0.47*	0.13	0.47**												
$X9$	0.71**	0.74**	0.70**	0.30	0.37	0.49**	0.54**	0.27											
$X10$	0.73**	0.68**	0.72**	0.48**	0.48**	0.49**	0.69**	0.28	0.85**										
$X11$	0.63**	0.50**	0.70**	0.58**	0.62**	0.42*	0.69**	0.27	0.74**	0.89**									
$X12$	0.08	0.06	0.06	0.27	0.26	0.14	0.47**	0.24	0.20	0.23	0.30								
$X13$	0.52**	0.49**	0.39*	−0.13	−0.08	0.21	0.03	−0.44*	0.30	0.34	0.24	0.00							

	X1	X2	X3	X4	X5	X6	X7	X8	X9	X10	X11	X12	X13	X14	X15	X16	X17	X18	X19
X14	0.15	0.07	0.13	0.48**	0.51**	0.32	0.72**	0.54**	0.38*	0.45*	0.58**	0.76**	-0.26						
X15	0.24	0.09	0.04	0.35	0.68**	0.13	0.41*	0.34	0.30	0.34	0.33	0.14	0.03	0.28					
X16	0.34	0.41*	0.48**	0.22	0.02	0.17	0.24	0.28	0.40*	0.29	0.19	0.19	-0.07	0.22	-0.05				
X17	-0.23	-0.05	-0.22	0.01	-0.18	-0.05	-0.21	-0.16	-0.20	-0.13	-0.27	-0.43*	0.03	-0.43*	-0.07	-0.31			
X18	0.47*	0.38*	0.45*	0.15	0.23	0.05		0.08	0.30	0.38*	0.34	-0.18	0.21	-0.11	0.38*	0.26	-0.05		
X19	0.59**	0.32	0.52**	0.28	0.24	0.06	0.23	0.14	0.37*	0.41*	0.39*	0.02	0.13	0.05	0.12	0.50**	-0.35	0.57**	
X20	0.59**	0.32	0.29	0.31	0.34	0.44*	0.37*	-0.03	0.37*	0.36	0.33	0.02	0.21	0.11	0.34	0.41*	-0.23	0.51**	0.44*

注：X1-有机质；X2-全氮；X3-碱解氮；X4-全磷；X5-速效磷；X6-全钾；X7-速效钾；X8-pH；X9-过氧化氢酶；X10-蔗糖酶；X11-脲酶；X12-有效锌；X13-有效铁；X14-有效铜；X15-有效锰；X16-土壤含水量；X17-容重；X18-田间含水量；X19-总孔隙度；X20-毛管持水量。*和**分别表示在 0.05 和 0.01 水平（双侧）上显著相关。

9.4.2　典型种植基地土壤因子的主成分分析

选取喀斯特地区无籽刺梨种植基地土壤的有机质、全氮、全磷、全钾、碱解氮、有效磷、速效钾、pH、过氧化氢酶、蔗糖酶、脲酶、有效锌、有效铁、有效铜、有效锰、土壤含水量、容重、田间持水量、总孔隙度、毛管持水量等 20 个影响土壤质量的因子进行主成分分析，从 KMO 和 Bartlett 的检验结果得到 KMO 值为 0.674，Bartlett 球形度检验中的近似卡方为 449.437，自由度 df 值为 190，sig 值小于显著水平 0.01，表示比较适合做因子分析。分析结果见表 9-38。

表 9-38　典型种植基地土壤的主成分分析结果

成分	特征根	方差/%	累积/%	成分	特征根	方差/%	累积/%
1	7.521	37.607	37.607	11	0.315	1.577	95.009
2	3.323	16.616	54.223	12	0.291	1.454	96.463
3	1.750	8.752	62.974	13	0.174	0.869	97.332
4	1.674	8.372	71.346	14	0.164	0.822	98.154
5	1.128	5.638	76.984	15	0.103	0.517	98.671
6	1.049	5.244	82.638	16	0.085	0.423	99.094
7	0.831	4.154	86.382	17	0.073	0.367	99.46
8	0.571	2.855	89.237	18	0.067	0.334	99.794
9	0.437	2.184	91.422	19	0.028	0.139	99.933
10	0.402	2.011	93.432	20	0.013	0.067	100.000

土壤质量主成分分析（表 9-38）结果表明，无籽刺梨种植基地土壤 1～20 主分量特征值和贡献率存在一定的差异。由于此次参评的土壤指标较多，经过分析，前 6 个主成分的特征值均大于 1，累计方差贡献率达到 82.638%，说明 6 个主成分基本可以作为评价喀斯特

地区无籽刺梨基地土壤质量变化的依据，反映出土壤质量受土壤理化性质与酶活性的综合影响。在分析过程中，为减少主成分之间的相关性，采用方差极大正交旋转后因子载荷矩阵(表 9-39)，根据各指标在某一主成分的载荷的大小来确定其作用。有机质、全氮、碱解氮、过氧化氢酶、蔗糖酶和脲酶 6 项指标对因子 1 贡献较大(载荷值均超过 0.81)，说明主成分 1 主要反映了与土壤氮素变化有关的信息。主成分 2 中，全磷、速效磷、速效钾和有效锰的权重系数较大，显示主成分 2 主要反映土壤磷素和有效成分中的钾、锰的信息。主成分 3 主要反映有效锌、有效铜的信息。主成分 4 主要反映土壤的物理指标信息，包括土壤含水量、容重、田间持水量、总孔隙度和毛管持水量。pH、有效铁对主成分 5 的影响较大，主成分 6 主要反映全钾的信息。主成分分析的结果显示，土壤有机质、氮素、酶活性、磷素和钾素等指标是基于喀斯特山区无籽刺梨种植基地土壤质量评价的关键指标，这与现有研究所得结论类似(盛茂银等，2013；陈家龙等，1995)。

表 9-39 旋转后的因子载荷矩阵

测定指标	主成分					
	1	2	3	4	5	6
$X1$	0.78	0.15	0.05	0.35	-0.29	0.22
$X2$	0.87	-0.16	-0.07	0.09	-0.12	0.12
$X3$	0.87	-0.07	0.02	0.23	-0.01	-0.14
$X4$	0.26	0.68	0.05	0.05	0.30	0.32
$X5$	0.19	0.91	0.14	0.07	0.14	0.06
$X6$	0.44	0.18	0.04	-0.08	-0.03	0.77
$X7$	0.45	0.60	0.35	-0.09	0.22	0.36
$X8$	0.09	0.41	0.15	-0.02	0.74	-0.07
$X9$	0.88	0.17	0.09	0.03	0.09	0.09
$X10$	0.89	0.35	0.08	-0.02	0.06	0.06
$X11$	0.78	0.47	0.22	-0.02	0.05	-0.02
$X12$	0.13	0.17	0.84	-0.17	0.06	0.06
$X13$	0.48	-0.09	-0.05	-0.01	-0.74	0.02
$X14$	0.25	0.41	0.70	-0.19	0.37	0.14
$X15$	0.10	0.81	0.00	0.16	-0.10	-0.12
$X16$	0.39	-0.25	0.20	0.54	0.49	0.23
$X17$	-0.10	0.01	-0.79	-0.40	0.02	0.11
$X18$	0.37	0.27	-0.29	0.66	-0.08	-0.23
$X19$	0.42	0.09	0.07	0.73	0.12	-0.12
$X20$	0.25	0.29	0.03	0.66	-0.19	0.50

9.4.3 典型种植基地土壤质量的灰色关联分析

利用灰色系统理论建模软件计算出各影响因子与土壤质量综合指数之间的关联度(表 9-40)。由于各指标值都已经预先进行了归一化处理,使得各影响因子都转化为 0.10～1.00 的无量纲值,并且关联度越大,说明越接近"理想"的土壤质量,其土壤质量也越好。灰关联分析结果显示,全磷、过氧化氢酶、容重、有机质和全氮是影响喀斯特山区无籽刺梨种植基地土壤质量的关键影响因子(关联度均大于 0.87),与前面研究得出的结论较吻合:有机质和全磷分别为研究区的主要限制性因子,而土壤酶依赖于有机质的存在,当有机质含量增加时,酶积极参与其转化分解过程,活性提高(安慧,2008)。喀斯特地区土壤有机质与全氮呈显著相关关系(谭克均,2009),有研究显示,土壤有机质、容重和磷素在改善贵州喀斯特地区土壤理化性质中起关键作用(杨皓等,2015a;盛茂银等,2013)。将灰关联评价模型用于土壤质量的评价,可以得出各评价单元按土壤肥力的排序,由于该方法没有用到各评价因素的评价标准,只用到各因素的原始指标值,因此评价结果更为客观科学,各土壤因子的灰关联度反映的是该样本与各个指标值最优的"理想样本"的相似程度。

表 9-40 土壤因子与土壤质量指数的关联度

影响因子	X1	X2	X3	X4	X5	X6	X7	X8	X9	X10
关联度	0.82	0.89	0.87	0.92	0.73	0.86	0.73	0.66	0.70	0.82
影响因子	X11	X12	X13	X14	X15	X16	X17	X18	X19	X20
关联度	0.85	0.68	0.84	0.89	0.84	0.85	0.82	0.90	0.74	0.70

9.4.4 典型基地土壤及树体特征对种植年限的响应

基于贵州喀斯特山区典型无籽刺梨种植基地的根系土壤的化学指标、物理指标、生物学指标和树体特征,采用空间替换时间的方法,对喀斯特山区无籽刺梨种植基地的土壤质量现状进行全面分析与评价,研究不同种植年限的基地的土壤质量及其树体特征对植被恢复的响应机制。无籽刺梨作为多年生落叶灌木,在贵州喀斯特地区瘠薄的土壤条件下能很好地生长,是由于其特有的生态适应性,即抗旱、耐瘠、根系较浅,植被恢复对环境因子的响应也有别于阔叶植物,对土壤质量变化的研究具有典型性和代表性。因此,选择喀斯特山区植被恢复过程中的土壤质量与树体特征变化进行研究,探讨无籽刺梨林龄的增加对土壤质量的影响程度和机理,为贵州喀斯特山区生态建设和树种选择提供依据及理论基础。

于 2014 年 11 月中旬的挂果期在选定的研究区进行采样,根据作物的长势与地形地貌特征选取有代表性的样地并运用 GPS 定点,利用叶绿素仪(艾沃士 SPAD-502)测定健康叶片中的叶绿素,然后利用游标卡尺和卷尺对采样点树种进行冠幅、树高、分枝数和地径测量。先分别确定每个研究区长势较好且相对位置处于中心的样方,然后距其中心 100m 范围内再随机取 10～15 个样方，样方面积为 4m×4m，并运用"S 形取样法"，采样深度为 0～20cm 的根际土，剔除表层杂质后充分混合，采取四分法留取 1kg，包括土层环刀样和农化分析样，研磨分别通过 1 mm 和 0.25 mm 筛，供室内分析。依照《森林土壤分析方法》（国家林业局，2005）和《土壤酶及其研究法》（关松荫，1986）进行土壤化学指标、物理指标和生物学指标测定。样品的测定均做平行测定和空白试验。采用 SPSS 19.0 对数据进行描述性分析、模糊数学综合评价、相关性分析和主成分分析等。

1. 无籽刺梨种植基地土壤因子对种植年限的响应

由于采集的土壤样品为无籽刺梨的根际土，经分析发现无籽刺梨种植年限的增加对土壤质量的影响是积极的。由表 9-41 可知，随着种植年限的增加，土壤逐渐酸化，土壤 pH 的平均值从 6.83 降至 6.38，土壤 pH 的下降趋势可能是由于凋落物的分解与根系分泌物的作用以及施肥影响。研究区的有机质含量较丰富，在 3～4 年达到最高值，可能与种植初期基地加强管理有关，全氮和碱解氮的变化趋势同有机质一致。兴仁市的 1～2 年林的磷素和钾素水平，与全国第二次土壤普查结果相比（全国土壤普查办公室，1979），均处于缺乏状态，在经过一段种植年限之后，土壤磷素和钾素变化显著，乌当区和西秀区的磷素和钾素水平已处于适量状态。研究区的土壤微量元素变幅较大，变异系数也较大，参照土壤微量元素分级标准（沈善敏，1998），兴仁市的 1～2 年林的微量元素含量较缺乏，处于较低水平，但随着种植年限的增加，微量元素含量也随之增加，但平均含量的差异不大。

表 9-41　不同林龄的无籽刺梨种植基地土壤质量的基本情况

土壤因子	均值±标准差			土壤因子	均值±标准差		
	兴仁市	乌当区	西秀区		兴仁市	乌当区	西秀区
X1	6.83±0.44	6.64±0.39	6.38±0.21	X11	0.62±0.27	0.76±0.16	1.54±0.64
X2	32.30±15.58	50.84±9.66	48.57±12.13	X12	8.42±5.94	26.80±11.12	23.26±9.11
X3	1.34±0.64	2.06±0.44	1.78±0.56	X13	24.43±0.08	24.11±0.05	25.27±0.03
X4	0.29 ±0.07	0.25±0.10	0.44±0.20	X14	1.49±0.14	1.47±0.14	1.41±0.14
X5	2.30±1.39	4.90±2.33	5.27±2.29	X15	14.54±2.11	14.93±2.58	15.06±2.92
X6	88.83±64.82	126.19±31.02	116.30±42.57	X16	42.40±5.27	44.71±3.69	45.29±6.62
X7	4.94±0.47	4.95±1.53	19.25±3.60	X17	11.53±3.64	13.14±2.45	13.39±2.53
X8	29.02±20.72	55.13±28.30	105.76±21.30	X18	3.57±1.01	5.83±2.85	5.65±1.05
X9	0.52±0.32	1.06±0.39	1.38±0.90	X19	8.18±3.80	16.08±4.39	18.69±5.01
X10	8.15±6.33	16.18±7.49	11.89±4.27	X20	0.21±0.11	0.41±0.12	0.57±0.22

注：$X1$-pH；$X2$-有机质/(g·kg^{-1})；$X3$-全氮/(g·kg^{-1})；$X4$-全磷/(g·kg^{-1})；$X5$-全钾/(g·kg^{-1})；$X6$-碱解氮/(mg·kg^{-1})；$X7$-有效磷/(mg·kg^{-1})；$X8$-有效钾/(mg·kg^{-1})；$X9$-有效锌/(mg·kg^{-1})；$X10$-有效铁/(mg·kg^{-1})；$X11$-有效铜/(mg·kg^{-1})；$X12$-有效锰/(mg·kg^{-1})；$X13$-土壤含水量/(%)；$X14$-容重/(g·cm^{-3})；$X15$-田间含水量/(%)；$X16$-总孔隙度/%；$X17$-毛管持水量/%；$X18$-过氧化氢酶/[0.1mol L^{-1}KMnO$_4$ml (g·20 min)$^{-1}$]；$X19$-蔗糖酶/[glucose mg·(g·24 h)$^{-1}$]；$X20$-脲酶/[NH$_3$-N mg·(g·24h)$^{-1}$]。兴仁市和西秀区的采样点数 n=15，乌当区的采样点数 n=13。

在土壤的物理指标方面，田间持水量、总孔隙度和毛管持水量均随种植年限增加呈逐渐增加的趋势，土壤含水量则出现一个小幅下降或平稳发展后再增加的趋势。无籽刺梨生长过程中，随着时间的积累，土壤的物理结构和通气度发生变化，一般来说，壤土总孔隙度为 40%～50%，田间持水量为 11.49%～26.90%，矿质土壤含水量为 25%～60%，土壤质量较好，而研究区的这三个指标，除了土壤含水量，其余指标均有所改善。兴仁市和乌当区的土壤含水量略低于前人的研究（宁晨，2013），显示出近 4 年来的变化较小，但均高于城市森林土壤含水量（高述超等，2010；刘为华等，2009）。当土壤容重大于 1.6g/cm^3 时，将影响植物根系的生长（Ditzler and Tugel，2002），三个研究区的土壤容重平均水平均低于此警戒值，但兴仁市的个别样点高于此值，这也与兴仁市的果树生长环境较差相吻合。

不同种植年限的无籽刺梨种植基地根系土壤的酶活性除了过氧化氢酶，其余酶的大小关系一致：西秀（8～9a）＞ 乌当（3～4a）＞ 兴仁（1～2a），即随种植年限的延长而增加。而过氧化氢酶则表现为随种植年限增加先升高后略有下降，乌当区的 3～4 年林达到峰值，这与杜俊龙等（2015）对干旱区枣园土壤的研究结论一致。究其原因，一方面，由于无籽刺梨的种植管理措施改善了土壤的理化性状，加快了土壤的熟化，同时根系分泌作用有利于微生物的活动和酶活性的提高，所以脲酶和蔗糖酶活性随着种植年限延长而增强。另一方面，种植年限增加，其根系分泌物易分解形成氢氰酸和苯甲酸等酚酸类物质，再加上长期种植并重复施肥，会导致作物对营养需求专一，缺乏互补性也使土壤养分失衡，进而改变或破坏土壤环境，物质代谢、养分转化及解毒能力也随之降低，过氧化氢酶活性因此下降（范玉贞和崔兴国，2011）。

2. 无籽刺梨种植基地的树体特征对种植年限的响应

无籽刺梨的成熟期为 11 月左右，果实与枝叶完好，枝条修剪则以冬剪为主，且为了获得良好的挂果率，枝条修剪的目的是促进其营养生长，而采剪穗条多在其春季萌芽时期。因此，无籽刺梨的挂果期的树体特征表现为随着种植年限的增加，冠幅、分枝数、高度、叶绿素和地径发生变化（图 9-2）。西秀区的 8～9 年生林的冠幅、树高、叶绿素和地径明显高于兴仁市 1～2 年林和乌当区 3～4 年林，呈现出随着林龄增加逐渐增加的趋势。而无籽刺梨的分枝数则呈现出先增加后略有下降的趋势，原因可能为随着时间的增加，冠幅逐渐扩大，树形渐成型，郁闭态形成，无籽刺梨林龄达到成熟水平，林下生态系统逐渐稳定，因此，果树对土壤营养竞争加剧，这与之前研究得出的其土壤有机质和氮素等肥力因子的含量变化一致。

由表 9-42 可知，无籽刺梨的树体特征除了叶绿素之外，其余因子之间的相关性较强，显示无籽刺梨的生长因子之间关系密切并相互影响。而叶片中叶绿素含量的多少直接影响植物的生长发育，它与土壤氮素和光照强度存在一定关系（安慧，2008）。本研究的实验结果也印证了此结论，与土壤氮素存在显著正相关，但与其他土壤因子的相关性较弱。树体特征与土壤有机质和氮素以及土壤酶之间的相关性较高，特别是在种植初期与冠幅和分枝数的相关性较为显著。根据研究，氮素是植物生长所必需的大量元素，但土壤氮素有 95% 左右是以有机态存在，矿化后才被植物所利用，因此可根据土壤氮素来预测无籽刺梨的冠

幅和分枝数的生长情况,而本研究中有机质和氮素的变化趋势与冠幅和分枝数的生长情况
较为吻合。胡宗达和郝玉娥(2007)在对一种常绿乔木——灯台树的研究中也发现,作物的
分枝数与土壤的有机质、氮素和钾素等养分存在着很高的相关关系,这也印证了本研究的
观点,说明在无籽刺梨的成熟林时期,土壤有机质和氮素等养分虽已达到适量状态,但对
其氮素等营养元素的活化与补充应更加重视。在土壤氮素充足的情况下,有利于其进行光
合作用,植株也开始分支生长,致使干径加粗,冠幅扩大。叶片的叶绿素与速效钾除了乌
当区之外,均有显著的相关性关系,因为钾素能够促进光合作用,而叶绿素的含量与光照
有关。此外,兴仁市的 pH、西秀区的有效铁与地径,兴仁市的分枝数与容重之间呈显著
的负相关,说明种植初期,土壤立地条件较差,土壤偏碱不利于地径生长;而兴仁市的土
壤容重较高,与无籽刺梨的树体特征均为负相关,但对分枝数有显著的负影响,在经过施
肥与栽培管理后,土壤质量改善明显。目前,多种土壤因子对许多作物生长的影响已基本
明确(黎祖尧等,1994),但对无籽刺梨体的生长适宜性研究由于尚在起步阶段,其树体特
征的土壤影响因子仍有待进一步的研究论证。

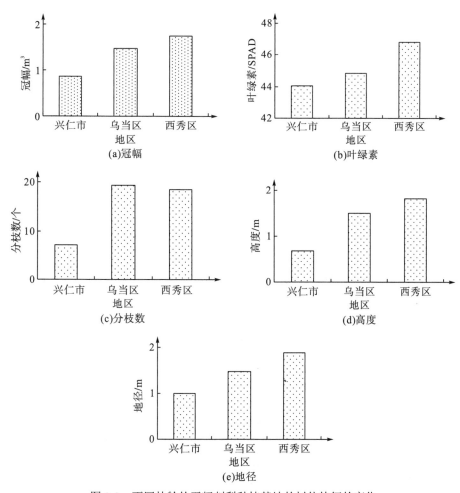

图 9-2　不同林龄的无籽刺梨种植基地的树体特征的变化

表 9-42　不同种植年限的无籽刺梨种植基地树体特征与土壤因子的相关系数

指标	研究区	冠幅	分枝数	树高	叶绿素	地径	指标	研究区	冠幅	分枝数	树高	叶绿素	地径
冠幅	兴仁	1	0.91**	0.69*	0.37	0.46	$X9$	兴仁	0.44	0.65*	0.48	0.51	0.77**
	乌当	1	0.93**	0.72*	0.03	0.67*		乌当	0.14	0.29	0.06	0.15	-0.13
	西秀	1	0.57	0.79**	-0.16	0.49		西秀	0.01	-0.27	-0.19	0.02	-0.02
分枝数	兴仁	0.91**	1	0.63	0.51	0.52	$X10$	兴仁	0.65*	0.44	0.54	0.05	0.37
	乌当	0.93**	1	0.61	-0.14	0.75*		乌当	0.41	0.52	0.26	-0.28	0.2
	西秀	0.57	1	0.62	-0.05	0.51		西秀	-0.36	-0.09	-0.57	0.18	-0.66*
树高	兴仁	0.69*	0.63	1	-0.24	0.43	$X11$	兴仁	0.72*	0.57	0.43	0.26	0.12
	乌当	0.72*	0.61	1	0.15	0.5		乌当	0.42	0.37	0.31	0.46	0.38
	西秀	0.79**	0.62	1	-0.16	0.58		西秀	0.26	-0.1	0.31	0.11	0.23
叶绿素	兴仁	0.37	0.51	-0.24	1	0.4	$X12$	兴仁	-0.55	-0.6	-0.6	0.11	-0.12
	乌当	0.03	-0.14	0.15	1	-0.27		乌当	-0.07	0.22	-0.39	-0.25	-0.08
	西秀	-0.16	-0.05	-0.16	1	-0.26		西秀	-0.2	0.25	-0.21	0.17	-0.56
地径	兴仁	0.46	0.52	0.43	0.4	1	$X13$	兴仁	0.72*	0.57	0.43	0.26	0.09
	乌当	0.67*	0.75*	0.5	-0.27	1		乌当	0.42	0.37	0.31	0.46	0.38
	西秀	0.49	0.51	0.58	-0.26	1		西秀	-0.01	0.07	0.08	0.2	0.32
$X1$	兴仁	-0.16	-0.17	0.02	-0.55	-0.83**	$X14$	兴仁	-0.53	-0.66*	-0.36	-0.22	-0.15
	乌当	-0.02	-0.02	-0.12	0.5	-0.09		乌当	0.26	0.44	0.19	0.08	0.11
	西秀	-0.4	-0.46	-0.53	0.25	-0.21		西秀	0.19	0.49	0.44	-0.08	0.32
$X2$	兴仁	0.96**	0.91**	0.54	0.6	0.52	$X15$	兴仁	0.55	0.5	0.58	-0.16	0.1
	乌当	0.52	0.55	0.38	-0.1	0.69*		乌当	0.2	0.12	0.34	0.38	0.27
	西秀	0.74*	0.72*	0.55	-0.18	0.31		西秀	-0.07	0.55	-0.07	0.4	0.04
$X3$	兴仁	0.95**	0.94**	0.76*	0.33	0.48	$X16$	兴仁	0.77**	0.76*	0.47	0.4	0.28
	乌当	0.95**	0.78**	0.69*	-0.02	0.73*		乌当	-0.27	-0.22	0.07	0.05	0.09
	西秀	0.35	0.76*	0.57	-0.14	0.54		西秀	0.19	0.39	-0.15	0.24	0.24
$X4$	兴仁	0.87**	0.71*	0.82**	-0.02	0.4	$X17$	兴仁	0.59	0.6	0.01	0.79**	0.25
	乌当	0.81**	0.58	0.61	0.33	0.41		乌当	0.07	-0.03	0.01	0.16	0.3
	西秀	0.46	0.72*	0.51	0.4	0.49		西秀	-0.28	0.04	-0.03	0.53	-0.32
$X5$	兴仁	0.55	0.41	0.37	0.65*	0.43	$X18$	兴仁	0.80**	0.83**	0.57	0.22	0.15
	乌当	-0.07	0.14	-0.08	0.28	0.1		乌当	0.76*	0.56	0.48	0.12	0.44
	西秀	0.31	-0.04	0.23	0.46	0.02		西秀	0.5	0.72*	0.69*	-0.07	0.41
$X6$	兴仁	0.12	0.4	0.14	0.43	0.28	$X19$	兴仁	0.70*	0.59	0.61	0.02	-0.01
	乌当	0.58	0.69*	0.45	-0.28	0.49		乌当	0.82**	0.74*	0.64	0.38	0.67
	西秀	0.06	-0.12	-0.09	0.58	-0.47		西秀	0.55	0.83**	0.59	0.28	0.53
$X7$	兴仁	0.48	0.45	0.15	0.38	0.57	$X20$	兴仁	0.77**	0.72*	0.86**	-0.04	0.4
	乌当	0.27	0.4	-0.11	-0.1	0.51		乌当	0.76*	0.66	0.3	0.23	0.34
	西秀	0.23	-0.02	0.5	-0.15	0.4		西秀	0.51	0.56	0.52	0.59	0.27
$X8$	兴仁	0.34	0.26	-0.25	0.71*	0.11							

续表

指标	研究区	冠幅	分枝数	树高	叶绿素	地径	指标	研究区	冠幅	分枝数	树高	叶绿素	地径
X8	乌当	0.24	0.28	0.38	0.25	0.39							
	西秀	0.23	-0.14	0.15	0.70*	-0.15							

注：* $P < 0.05$；** $P < 0.01$。

3.无籽刺梨种植基地土壤质量的综合评价

1)土壤因子隶属度值的确定

分别选取化学、物理和生物指标等 20 个土壤因子进行土壤质量综合评价(刘世梁等,2003a),各土壤因子的等级指标采用连续性的模糊隶属度函数确定,土壤容重采用降型分布函数确定,其余因子采用升型分布函数确定,并计算不同种植年限的各土壤因子的隶属度值 $Q(X_i)$,这与各土壤因子对植被的响应相符合(周玮和周运超,2009)。首先对所有指标标准化处理,然后依照各土壤因子的性质,分别建立升型分布函数和降型分布函数并计算结果,得到不同年限的无籽刺梨种植基地的土壤质量因子的隶属度值(图 9-3)。

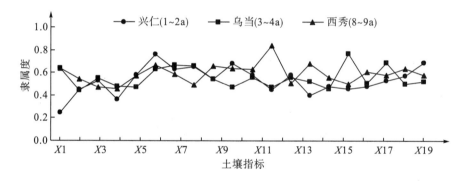

图 9-3　不同林龄的无籽刺梨种植基地土壤因子的隶属度分布图

根据图 9-3,求出的各指标隶属度值为 0.10～1.00,当隶属值为 1.00 和 0.10 时,分别表示土壤该属性能够满足植物生长的最佳状态以及作物生长所需的土壤属性作用分值的最低值。本书将最小值定为 0.10 而非 0,符合生产实际(谢瑾等,2011)。兴仁市土壤 pH 的隶属值(0.25)、乌当区土壤有机质的隶属值(0.44)和西秀区土壤全磷的隶属值(0.46)均值最小,表明 pH、有机质和全磷分别为兴仁市、乌当区和西秀区土壤的限制性因子,印证了已有的研究结论(杨皓等,2015b)。种植初期,由于土地利用强度的改变,人为种植活动致使土壤有机质来源有限,而通风干燥的环境也不适合有机质积累,另外施用除草剂和采用锄抚方式也会造成种植基地地被物破坏和土壤翻动,而且施肥后的有机残余物也易与土壤混合,增强土壤微生物活动和酶活性,加速部分有机质的分解(Blair et al.,1995),这也解释了研究区土壤有机质在种植一段时间后有所下降的原因。根据全国第二次土壤普查标准(全国土壤普查办公室，1979)，研究区土壤磷素含量较低，与喀斯特地区土壤普遍存在缺磷问题的结论一致(杨皓等，2015b)。

2) 土壤因子权重的确定

不同林龄的基地土壤因子的权重系数利用 SPSS 软件主成分分析求得，根据各因子主成分贡献率，计算各因子作用的大小并确定它们的权重系数(图9-4)，一般认为，因子负荷越大，变量在相应主成分中的权重系数就越大(王启兰等，2011)，根据图9-4，有效磷、有效钾和土壤容重分别为兴仁市、乌当区和西秀区土壤因子的权重最大值，是提高土壤质量的最重要因子，此外，乌当区和西秀区两地的土壤因子的权重系数也明显大于兴仁市的土壤因子的权重系数。根据全国第二次土壤普查标准(全国土壤普查办公室，1979)，两地的有效磷和有效钾水平分别处于较低(3～5mg/kg)和中下(50～100mg/kg)水平，需有针对性地补施。而西秀区的土壤容重均值为 1.41kg/cm^3，略高于前人得出的西南喀斯特地区土壤容重的变化范围(闫俊华等，2011)，建议根据实际情况，增施有机肥料，改善土壤通气状况，增大土壤孔隙度，降低土壤容重。

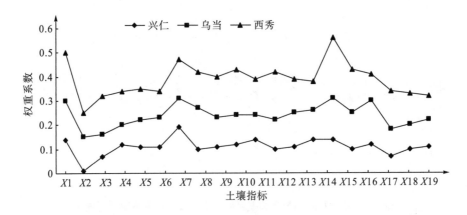

图 9-4 土壤因子的权重系数

3) 不同种植年限的无籽刺梨种植基地的土壤质量的综合评价

土壤质量的综合评价采用土壤综合指数法。将不同种植年限的无籽刺梨种植基地的土壤因子的隶属度值和权重系数的结果代入土壤综合指数公式，得到不同种植年限的无籽刺梨种植基地的土壤质量综合指数。土壤综合指数(QI)见式(9-1)：

$$QI = \sum_{i=1}^{n} Wi \times QXi \tag{9-1}$$

式中，Wi 表示各因子的权重向量；QXi 表示各因子的隶属度值。

根据计算结果，兴仁市(1～2a)、乌当区(3～4a)和西秀区(8～9a)的土壤质量综合指数分别为 1.17、1.40 和 1.90，乌当区和西秀区的土壤质量综合指数较兴仁市分别增加了19.69%和 61.69%。结果表明，随着种植年限的增加，无籽刺梨林的土壤培肥作用增强，土壤质量综合指数逐渐提高，这也跟实际情况下研究区的无籽刺梨的长势较吻合。根据研究，灌丛林具有一定的土壤培肥作用，可能因为落叶覆盖物的反馈和根际作用使植株能形成良好的"肥力岛屿"和"水分岛屿"(林长存，2004；刘世梁等，2003b；Wang and Gong.，1998)，有助于土壤养分的富集和较好的土壤水肥条件的形成，土壤质量的提高较明显。

9.4.5　讨论

人工林的种植过程中土地质量变化的研究有两个途径：一是将人工林的土壤质量与其他林型做对比，研究其变化规律；二是从相同或相似立地条件下的人工林不同代数间的土壤质量对比(或同代林的土壤质量的时间变化)及林分生产力的变化来研究其土壤质量的变化(潘建平等，1997)。本试验采用时空替换研究法，对不同种植年限的无籽刺梨种植基地的土壤质量进行探讨，发现无籽刺梨种植基地土壤的物理、化学和生物指标差异明显，土壤质量综合指数分别为 1.17、1.40 和 1.90，增加趋势明显，在时间梯度上表现出逐渐增加趋势，即随植被生长或种植年限延长土壤质量和地力整体好转，这与蒋金平(2007)总结的黄土高原生态恢复过程中灌木林与土壤质量的演变规律一致。

土壤质量的核心是土地生产力，包括土壤的物理性状、化学性状和生物学性状，而现有研究也表明，土壤的物理、化学和生物指标是相互影响、相互制约的，其中某个指标的变化会引起其他指标的相应变化(王世杰，2003)。对作物来说，土壤质量就是保证土壤能为作物的正常生长发育提供其所需的水、热、气、肥的能力。研究显示，随着无籽刺梨种植年限的增加，土壤指标和树体特征变化明显，土壤肥力不断积累，土壤生产力与生态功能得到一定程度的恢复，土壤 pH 接近刺梨生长适宜的偏酸性土壤环境(樊卫国等，2004)，并且在某种程度上，该地区植被的次生演替有利于土壤质量的提高。因此，无籽刺梨的种植对喀斯特山区石漠化的遏制和水土保持具有积极意义。

在喀斯特山区石漠化治理方面，先前的部分研究认为，封山育林模式是中度和轻度石漠化地区恢复植被的有效途径(王荣和蔡运龙，2010)，甚至一些地方的石漠化综合治理措施也是如此规划的(周鸯翠，2009)。学者们认为该地区的地带性植被为落叶阔叶林(卢晓强，2006)，但西南地区易发的干旱不足以为植物提供充足的水分，而无籽刺梨的浅根性、抗旱和耐瘠特点则适应喀斯特山区的土层薄瘠和西南地区旱涝频发的特点。无籽刺梨作为一种耐瘠、耐旱的落叶灌木，具备在喀斯特山区正常生长的条件(即石生性、耐瘠性和旱生性)。无籽刺梨地上部分多分枝的茎与近地的树冠冠幅繁茂的特点，具有较强的截留降水与水土保持的作用。而地下部分为盘根错节发达的根系，根系分布的土壤层是巨大的水分储蓄库和调节器，所以灌木林根系有较强的蓄水作用和抗旱能力(王新凯，2011)，这也适应了喀斯特地区易发干旱的气候特点以及基质裂隙发育易下渗和土层浅薄的地质地貌特点。无籽刺梨根系发达、活力较强，其根系分泌物的还原、螯溶等作用活化了根部土壤，增加了其速效养分的含量，形成根际激发效应；而良好的土壤环境又进一步促进了土壤微生物繁殖和土壤酶的活性，增强了物质与养分循环，在较好的水热条件下，必然会加速枯落物的分解转化，从而改善土壤的水热状况和物理结构，有助于生态系统服务功能的良好发挥，改善已退化的石灰岩基质土壤的环境条件。无籽刺梨的种植提高了土壤质量，对石漠化治理和水土保持也具有一定作用，适合作为喀斯特山区中度、轻度和潜在石漠化生态修复的经济树种来种植与推广。但对于无籽刺梨十年龄以后的土壤与树体变化，仍需要继续研究以弄清其具体影响因素和响应机制。

9.5　研　究　结　论

　　土壤质量的核心是土地生产力，即土壤肥力，包括土壤的物理性状、化学性状和生物性状。土壤的物理、化学和生物指标是相互影响、相互制约的，其中某个指标的变化也会引起其他指标的相应变化(王世杰，2003)。对作物来说，土壤质量就是要保证土壤能为作物的正常生长发育提供其所需的水、热、气、肥的能力(谢双喜等，2001)。本研究结果表明，随着无籽刺梨种植年限的增加，土壤指标变化明显。

　　无籽刺梨种植基地的土壤质量随着种植年限的增长逐渐改善，土壤酶活性增加。在种植过程中，有计划地施钾肥有助于提高土壤肥力。因此无籽刺梨可以作为轻中度石漠化治理和修复的经济树种进行推广。

参 考 文 献

Дрожжина Т М，Васильчикова С N，毕德义，1986. 不同孔隙对土壤水分运动与盐分积累特性的影响[J]. 土壤学进展，2：21-24.

安慧，2008. 子午岭林区典型植物生长的氮素调控机理[D]. 杨凌：西北农林科技大学.

安明态，程友忠，钟漫，等，2008. 贵州蔷薇属一新变种——光枝无子刺梨[J]. 种子，27(10)：63.

班胜学，2013. Cultivation method for seedless roxburgh roses：CN，CN 103229692 A[P].

鲍士旦，2000. 土壤农化分析[M]. 北京：中国农业出版社.

蔡成凤，刘友兆，2005. 淮南市耕地资源生产潜力及人口承载能力研究[J]. 资源调查和评价，23(12)：8-14.

曹慧，孙辉，杨浩，等，2003. 土壤酶活性及其对土壤质量的指示研究进展[J]. 应用与环境生物学报，9(1)：105-109.

常征，徐海轶，2009. 应用数学在土壤毛管持水量计算中的应用[J]. 黑龙江水利科技，37(5)：73-74.

陈晨，2010. 土壤质量对土地利用方式变化的响应——以重庆市北碚区歇马镇为例[D]. 重庆：西南大学.

陈翠玲，姚素梅，肖冰冰，等，2011. 新乡市四区六县土壤田间持水量抽样调查[J]. 河南科技学院学报(自然科学版)，39(3)：5-9.

陈家龙，张兴元，解文贵，等，1995. 贵州山地柑桔园营养特性研究[J]. 西南农业学报，8(2)：75-82.

陈牧霞，地里拜尔·苏力坦，马媛，等，2007. 城市污水回用于山地绿化灌溉土壤重金属的空间变异性[J]. 环境科学研究，20(5)：93-98.

陈永军，2013. 平凉市蔬菜产地土壤重金属现状调查与评价[J]. 甘肃农业大学学报，48(4)：115-119.

陈宗礼, 贺晓龙, 张向前, 等, 2012. 陕北红枣的氨基酸分析[J]. 中国农学通报, 28(34): 296-303.

程友忠, 2015. 石漠化地区无籽刺梨栽培技术[J]. 现代农业科技, 5: 116-117.

崔涛, 2015. 沈阳市水田土壤碱解氮分布状况及施肥[J]. 吉林农业, 9(53): 102.

董艳, 董坤, 郑毅, 等, 2009. 种植年限和种植模式对设施土壤微生物区系和酶活性的影响[J]. 农业环境科学学报, 28(3): 527-532.

杜家菊, 陈志伟, 2010. 使用 SPSS 线性回归实现通径分析的方法[J]. 生物学通报, 45(2): 4-6.

杜俊龙, 孙霞, 黄长福, 等, 2015. 种植年限对干旱区枣园土壤酶活性的影响——以新疆麦盖提县为例[J]. 天津农业科学, 21(2): 89-92.

杜琳倩, 何钢, 王静, 等, 2013. 水淹胁迫下新型氧肥对土壤脲酶活性的影响[J]. 中南林业科技大学学报, 33(4): 66-69.

樊卫国, 安华明, 刘国琴, 2004. 刺梨的生物学特性与栽培技术[J]. 林业科技开发, 18(4): 45-48.

范玉贞, 崔兴国, 2011. 不同种植年限深州蜜桃土壤微生物及酶活性的变化[J]. 北方园艺, 16: 181-182.

高述超, 田大伦, 闫文德, 等, 2010. 长沙城市森林土壤理化性质及碳贮量特征[J]. 中南林业科技大学学报, 30(9): 16-22.

高晓宁, 2009. 长期轮作施肥对棕壤氮素形态转化及其供氮特征的影响[D]. 沈阳: 沈阳农业大学.

关松荫, 1986. 土壤酶及其研究法[M]. 北京: 农业出版社.

国家林业局, 2005. 森林土壤分析方法[M]. 北京: 农业出版社.

何腾兵, 2000. 贵州喀斯特山区水土流失状况及生态农业建设途径探讨[J]. 水土保持学报, 14: 28-34.

何亚琳, 1996. 贵州土壤中的砷(As)及其地理分布[J]. 贵州环保科技, 2(1): 23-26.

洪常青, 何忠俊, 鱼海霞, 2013. 三江并流区暗棕壤酶活性特征研究[J]. 云南农业大学学报(自然科学), 28(6): 857-864.

侯鹏, 陈新平, 崔振岭, 等, 2012. 4 种典型土壤上玉米产量潜力的实现程度及其因素分析[J]. 中国生态农业学报, 20(7): 874-881.

胡荣梅, 陈定一, 1961. 土壤吸收量是土壤肥沃度的一项重要指标[J]. 土壤学报, 9: 129-132.

胡忠良, 2013. 贵州中部喀斯特山区不同植被下土壤养分与微生物功能变化研究[D]. 南京: 南京农业大学.

胡宗达, 郝玉娥, 2007. 灯台树生长与土壤养分含量的关系[J]. 西南林学院学报, 27(4): 7-12.

黄世伟, 1981. 土壤酶活性与土壤肥力[J]. 土壤通报, 20(4): 37-39.

黄馨, 刘君昂, 周国英, 等, 2014. 降香黄檀不同混交模式土壤肥力的比较研究[J]. 土壤通报, 45(5): 1130-1136.

黄增奎, 娄烽, 1996. 浙江土壤中微量元素全量分布的研究[J]. 土壤通报, 27(3): 126-129.

黄志勇, 2008. 黔西南高砷煤与卡林型金矿成因关系研究[D]. 贵阳: 贵州大学.

蒋金平, 2007. 黄土高原半干旱丘陵区生态恢复中植被与土壤质量演变关系[D]. 兰州: 兰州大学.

焦晓光, 隋跃宇, 魏丹, 2011. 长期施肥对薄层黑土酶活性及土壤肥力的影响[J]. 中国土壤与肥料, 1: 6-9.

金亮, 周健民, 王火焰, 等, 2009. 石灰性土壤肥际磷酸-钙的转化及肥料磷的迁移[J]. 土壤, 41(1): 72-78.

黎祖尧, 杨光耀, 杜天真, 等, 1994. 石灰岩土壤肥力因子与淡竹生长关系研究[J]. 江西农业大学学报, 16(4): 371-375.

李昌满, 赵小平, 何士敏, 等, 2007. 不同施肥水平对茎瘤芥土壤脲酶活性的影响[J]. 西南农业学报, 20(1): 81-83.

李翠莲, 戴全厚, 2012. 喀斯特退耕还林地土壤酶活性变化特征[J]. 湖北农业科学, 51(22): 5034-5037.

李志洪, 赵兰波, 窦森, 2005. 土壤学[M]. 北京: 化学工业出版社.

梁贵, 项文化, 赵仲辉, 等, 2015. 湘中丘陵区石栎-青冈栎常绿阔叶林土壤钾含量空间异质性及其影响因子研究[J]. 中南林业科技大学学报, 35(7): 88-93.

廖铁军, 黄云, 1995. 紫色土脲酶活性与土壤营养的研究[J]. 西南农业大学学报, 17(1): 72-75.

林长存, 2004. 松嫩平原西部农田与林地生产力耦合作用的初步研究[D]. 长春: 东北师范大学.

刘瑞丰, 李新平, 李素俭, 等, 2011. 商洛地区土壤蔗糖酶及过氧化氢酶与土壤养分的关系研究[J]. 干旱地区农业研究, 29(5): 182-185.

刘世梁, 傅伯杰, 陈利顶, 等, 2003a. 两种土壤质量变化的定量评价方法比较[J]. 长江流域资源与环境, 12(5): 422-426.

刘世梁, 傅伯杰, 吕一河, 等, 2003b. 坡面土地利用方式与景观位置对土壤质量的影响[J]. 生态学报, 23(3): 414-420.

刘为华, 张桂莲, 徐飞, 等, 2009. 上海城市森林土壤理化性质[J]. 浙江林学院学报, 26(2): 155-163.

卢晓强, 2006. 贵州喀斯特退化森林生态系统恢复与重建理论及技术研究[D]. 南京: 南京林业大学.

宁晨, 2013. 喀斯特地区灌木林生态系统养分和碳储量研究[D]. 长沙: 中南林业科技大学.

宁婧, 2009. 贵州喀斯特生态环境石灰土发生特征与诊断特性的研究[D]. 贵阳: 贵州大学.

潘建平, 王华章, 杨秀琴, 1997. 落叶松人工林地力衰退研究现状与进展[J]. 东北林业大学学报, 25(2): 59-63.

彭琴, 2007. 贵州喀斯特山区不同石漠化等级土壤中钾素变异特征[D]. 贵阳: 贵州大学.

仇广乐, 2005. 贵州省典型汞矿地区汞的环境地球化学研究[D]. 北京: 中国科学院研究生院(地球化学研究所).

全国土壤普查办公室, 1979. 全国第二次土壤普查暂行技术规程[M]. 北京: 农业出版社.

沈善敏, 1998. 中国土壤肥力[M]. 北京: 农业出版社.

盛茂银, 刘洋, 熊康宁, 2013. 中国南方喀斯特石漠化演替过程中土壤理化性质的响应[J]. 生态学报, 33(19): 6303-6313.

孙素琪, 王玉杰, 王云琦, 等, 2015. 重庆缙云山4种典型林分土壤氮素动态变化[J]. 环境科学研究, 28(1): 66-73.

孙祖琰, 周起如, 孙全先, 等, 1987. 河北省土壤铁的含量与分布[J]. 华北农学报, 2(1): 49-54.

谭克均, 2009. 贵州喀斯特石漠化地区旱耕地土壤性状特征研究[D]. 贵阳: 贵州大学.

王涵, 王果, 黄颖颖, 等, 2008. pH变化对酸性土壤酶活性的影响[J]. 生态环境, 17(6): 2401-2406.

王启兰, 王溪, 曹广民, 等, 2011. 青海省海北州典型高寒草甸土壤质量评价[J]. 应用生态学报, 22(6): 1416-1422.

王擎运, 2008. 土壤中砷和铜的吸附-解吸特性及其影响因素研究[D]. 南京: 南京林业大学.

王荣, 蔡运龙, 2010. 西南喀斯特地区退化生态系统整治模式[J]. 应用生态学报, 21(4): 1070-1080.

王世杰, 2003. 喀斯特石漠化——中国西南最严重的生态地质环境问题[J]. 矿物岩石地球化学通报, 22(2): 120-126.

王思砚, 苏维词, 范新瑞, 等, 2010. 喀斯特石漠化地区土壤含水量变化影响因素分析——以贵州省普定县为例[J]. 水土保持研究, 17(3): 171-175.

王新凯, 2011. 喀斯特城市森林生物量及其碳吸存功能研究[D]. 长沙: 中南林业科技大学.

吴清华, 周永章, 张正栋, 2013. 广东省翁源县农业土壤速效钾时空变异特征及其影响因素研究[J]. 广东林业科技, 29(1): 1-8.

谢瑾, 李朝丽, 李永梅, 等, 2011. 纳板河流域不同土地利用类型土壤质量评价[J]. 应用生态学报, 22(12): 3169-3176.

谢双喜, 丁贵杰, 刘官浩, 2001. 贵州贞丰县兴北喀斯特森林植被的调查分析[J]. 浙江林业科技, 21(5): 63-67.

邢光熹, 朱建国, 2002. 土壤微量元素和稀土元素化学[M]. 北京: 科学出版社.

闫俊华, 周传艳, 文安邦, 等, 2011. 贵州喀斯特石漠化过程中的土壤有机碳与容重关系[J]. 热带亚热带植物学报, 19(3): 273-278.

杨皓, 胡继伟, 黄先飞, 等, 2015a. 喀斯特地区金刺梨种植基地土壤肥力研究[J]. 水土保持研究, 22(3): 50-55.

杨皓, 范明毅, 李婕羚, 等, 2015b. 喀斯特山区金刺梨种植基地土壤有效养分含量状况研究[J]. 河南农业科学, 44(7): 53-56.

杨皓, 等, 2016. 喀斯特山区无籽刺梨种植基地土壤酶活性与肥力因子的关系[J]. 山地学报, 34(1): 28-37.

杨阳，2005. 内蒙古羊草草原土壤有效磷与地上净初级生产力间的关系及其对养分添加的响应[D]. 北京：中国科学院研究生院(植物研究所).

尹迪信，1988. 贵州省土壤有机质含量及其影响因素[J]. 土壤，3：141-143.

鱼海霞，何忠俊，洪常青，2013. 玉龙雪山土壤酶活性特征及其与土壤养分的关系[J]. 云南农业大学学报，28(5)：668-675.

占丽平，李小坤，鲁剑巍，等，2012. 土壤钾素运移的影响因素研究进展[J]. 土壤，44(4)：548-553.

张莉，周康，2005. 贵州省土壤重金属污染现状与对策[J]. 贵州农业科学，33(5)：114-115.

张润宇，王立英，陈敬安，2014. 红枫湖流域枯水期土壤理化特征与磷素分异研究[J]. 地球与环境，42(6)：719-725.

张锱，2011. 土壤·水·植物——理化分析教程[M]. 北京：中国林业出版社.

中国环境监测总站，1990. 中国土壤元素背景值[M]. 北京：中国环境科学出版社.

中国林业科学研究院，1999. LY/T 1229—1999：森林土壤水解性氮的测定[S]：78-80.

中国林业科学研究院，1999. LY/T 1232—1999：森林土壤全磷的测定[S]：87-90.

中国林业科学研究院，1999. LY/T 1233—1999：森林土壤有效磷的测定[S]：91-94.

中国林业科学研究院，1999. LY/T 1236—1999：森林土壤速效钾的测定[S]：102-104.

周德平，褚长彬，刘芳芳，等，2012. 种植年限对设施芦笋土壤理化性状、微生物及酶活性的影响[J]. 植物营养与肥料学报，18(2)：459-466.

周玮，周运超，2009. 花江峡谷喀斯特区土壤质量两种定量评价方法研究[J]. 中国岩溶，28(3)：313-318.

周耷翠，2009. 富川石漠化综合治理模式[J]. 中国林业，15：41.

祝惠，2008. DEP 与 DOP 对土壤酶、土壤呼吸及土壤微生物量碳的影响研究[D]. 长春：东北师范大学.

邹军，喻理飞，李媛媛，2010. 退化喀斯特植被恢复过程中土壤酶活性特征研究[J]. 生态环境学报，19(4)：894-898.

BENDING G D，TURNER M K，JONES J E，2002. Interactions between crop residue and soil organic matter quality and the functional diversity of soil microbial communities. [J]. Soil Biology & Biochemistry，34(8)：1073-1082.

BLAIR G J，RDB L，LISE L，1995. Soil carbon fractions based on their degree of oxidation，and the development of a carbon management index for agricultural systems[J]. Crop and Pasture Science，46(7)：1459-1466.

BLOIS M S，1958. Antioxidant determinations by the use of a stable free radical[J]. Nature，181(4617)：1199-1200.

BORG H，JONSSON P，1996. Large-scale metal distribution in Baltic Sea sediments[J]. Marine Pollution Bulletin，32(1)：8-21.

CARTER M R，RENNIE D A，1982. Changes in soil quality under zero tillage farming systems：distribution of microbial biomass and mineralizable C and N potentials[J]. Journal of General Physiology，71(6)：615-643.

DAI Z，FENG X，ZHANG C，et al. ，2013. Assessing anthropogenic sources of mercury in soil in Wanshan Hg mining area，Guizhou，China[J]. Environmental Science & Pollution Research，20(11)：7560-7569.

DITZLER C A，TUGEL A J，2002. Soil quality field tools：experiences of USDA-NRCS soil quality institute[J]. Agronomy Journal，94(1)：33-38.

EUROPEAN COMMISSION，2006. Regulation(EC) No 1924/2006 of the European Parliament and of the Council of 20 December 2006 on nutrition and health claims made on foods[S]. O J，L404：9-25.

FAN J，LI R，2002. Variable selection for Cox's proportional hazards model and frailty model[J]. Annals of Statistics，30(1)：74-99.

FAO/WHO，1973. Energy and protein requirements：report of the Joint FAO/WHO Ad Hoc Expert Committee[R]. FAO Nutrition Meeting Report Series No. 52，Rome and WHO Technical Report Series No. 522，Geneva.

JANVIER C, VILLENEUVE F, ALABOUVETTE C, et al. , 2007. Soil health through soil disease suppression: which strategy from descriptors to indicators?[J]. Soil Biology & Biochemistry, 39(1): 1-23.

LIU S, ZHANG W, WANG K, et al., 2014. The effect of an integrated information system adoption for the health promotion in patients with laparoscopic colon resection[J]. Science of the Total Environment, 6(1): 1-12.

LUO D, ZHANG H, CHEN H, 2014. Study on soil characteristics' improvement of five-years-old brisbane box transformed stand[J]. Journal of Modern Agriculture, 3(3): 54-65.

SUN J, ZHU M, YANG X, et al. ,2015. Microbial, urease activities and organic matter responses to nitrogen rate in cultivated soil[J]. Open Biotechnology Journal, 9(1): 14-20.

UNDEWOOD E J, 1981. Trace elements in human and animal nutrition[M]. New York: Academic Perss.

WANG X J, GONG Z T, 1998. Assessment and analysis of soil quality changes after eleven years of reclamation in subtropical China[J]. Geoderma, 81(3-4): 339-355.

WEST D C, SHUGART H H, BOTKIN D B, 1981. Forest succession: concepts and application[M]. Berlin: Springer-Verlag.

YANG H, HU J W, HUANG X F, et al. , 2014. Risk assessment of heavy metals pollution for rosa sterilis and soil from planting bases located in karst areas of guizhou province[J]. Applied Mechanics & Materials, 700: 475-481.

第10章　典型种植区无籽刺梨果实品质评价

无籽刺梨可以作为喀斯特地区荒山绿化的经济树种(钟雁等，2016)，其果实具有较高的药食价值与生态价值(杨皓，2016)。无籽刺梨果实是贵州喀斯特地区的优势特产品，各种植基地在多年栽培过程中发现，无籽刺梨果实在生长发育过程中，存在因病虫害、锈斑、灰尘、不良气候因子等因素影响果实外观品质的问题，以及因果树树体种植和挂果年份较长等原因导致果实的内在品质下降的问题。

至今，国内外关于无籽刺梨果实品质提升的研究未见报道，本章探讨不同材料套袋对无籽刺梨果实内在、外在品质和商业价值等方面的影响，为无籽刺梨的丰产优质高效栽培管理提供理论依据。

10.1　无籽刺梨种植基地果实营养评价

10.1.1　无籽刺梨果实 VC 含量现状

按照实验室方法，取 100μg/mL 的维生素标准品 0.5mL，用流动相定容至 10mL，得到浓度为 5μg/mL 的标准溶液，平行进样 9 次，在确定波长为 280nm 下测定峰面积，代入回归方程求得 VC 含量，表 10-1 为无籽刺梨果实 VC 含量的精密度测验。

表 10-1　精密度测验

组分	浓度/(μg/mL)	测定值(n=9)	平均值/(μg/mL)	标准偏差/(μg/mL)	变异系数/%
VC	5.00	4.71~5.56	5.32	0.30	5.63

刺梨的果实成分含量已被探明(何照范等，1988)，但关于无籽刺梨果实成分的研究却较少，特别是对于其果实 VC 含量的研究，目前的结论是无籽刺梨的果实 VC 含量相较于普通刺梨偏低，但目前的基础数据较少，缺乏对比性。无籽刺梨的果实 VC 含量测定的前处理较为麻烦，成本较高，因此本研究将采自三个地区的无籽刺梨优选后，进行混合预处理，得到无籽刺梨果实样品的储备液共 9 个(每个样地做 3 个平行样)。根据设备的色谱条件，平行测定 3 次，记录各样品的峰面积，得到 VC 标准品与兴仁市、乌当区和西秀区等三个地区果实的 VC 含量的液相色谱图的峰面积分别为 48868139、21406670、26267010 和 24148214，经计算，VC 对照品的浓度为 1.12mg/mL。

将测定的三个地区无籽刺梨果实样品 VC 色谱图的峰面积代入线性回归方程,计算出兴仁市、乌当区和西秀区无籽刺梨果实样品的 VC 平均含量,如表 10-2 所示。三个地区中无籽刺梨果实样品 VC 平均含量的大小关系为乌当区>西秀区>兴仁市,乌当区的无籽刺梨果实 VC 平均含量最高,达 905mg/100g。乌当区种植基地的平均海拔最低,为 1069m,小于兴仁市(1427m)和西秀区(1365m)的平均海拔。乌当区种植基地的平均温度、气压和光照均为最高,分别为 30.88℃、898.48mb 和 1665.67lx,为了进一步说明环境因子对无籽刺梨种植基地果实样品 VC 含量的影响关系,进行逐步回归分析,得到 VC 含量 =-2403.725+3.597×海拔+0.072×气压,也说明了海拔与气压对果实 VC 含量有影响,尤其是海拔的影响(Blagoveshchensky,1937)。

表 10-2　喀斯特山区无籽刺梨种植基地果实样品 VC 含量

样地	VC 含量/(mg/100g)	均值/(mg/100g)	变异系数/%
兴仁市	490	777	29
	980		
	860		
乌当区	580	905	33
	1165		
	970		
西秀区	530	817	33
	1050		
	870		
研究区	—	833	32

10.1.2　无籽刺梨果实超氧化物歧化酶含量现状

随着科技的发展,超氧化物歧化酶(superoxide dismutase,SOD)被世界各国生物学界、医学界生命科学专家反复证明为公认的、无争议的、唯一的抗氧化、抗疾病和抗衰老物质。据国外报道和国内医院临床试验,每人每天服用 4000U/g SOD,30 天后就可消除多余自由基约 1/3,并增加免疫球蛋白约 1/3。这表明,SOD 水果是当前抗氧化、抗衰老的高效营养素和药品(王琦等,2005)。前人对无籽刺梨果实 SOD 含量研究较少,对普通刺梨研究较多。根据相关检测标准(GB/T 5009.171—2003),对三个地区无籽刺梨种植基地无籽刺梨果实样品中的 SOD 含量进行了分析与测定,结果如表 10-3 所示。兴仁市、乌当区和西秀区三个种植基地的无籽刺梨果实 SOD 含量均值分别为 3474.97U/g、3232.71 U/g 和 3483.41U/g,大小关系为西秀区>兴仁市>乌当区,含量相差不大。对比其余富含 SOD 的水果,无籽刺梨 SOD 含量(均值为 3397.03U/g)分别是番茄、菠萝和普通刺梨 SOD 含量的 6.5 倍、11.3 倍和 12.3 倍。

表 10-3 无籽刺梨种植基地果实样品 SOD 含量

兴仁市/编号	含量/(U/g)	乌当区/编号	含量/(U/g)	西秀区/编号	含量/(U/g)
1	4284.85	11	3275.00	20	3362.65
2	3712.96	12	3073.78	21	3259.73
3	3269.96	13	2783.20	22	3326.60
4	3511.43	14	3388.95	23	3436.44
5	3239.77	15	3332.08	24	3656.61
6	3022.48	16	3527.34	25	3488.36
7	3299.62	17	3336.62	26	3459.12
8	3553.79	18	3308.45	27	3675.38
9	3668.48	19	3068.93	28	3683.68
10	3186.38			29	3485.56
均值±标准差	3474.97±361.12	均值±标准差	3232.71±221.80	均值±标准差	3483.41±148.69
番茄	523.69	菠萝	300.00	普通刺梨	276.90

注: 其他水果 SOD 数据来自文献(吴洪娥等, 2014; 任吉君, 2008; 吴国荣和魏锦城, 1994)。

SOD 酶是植物体内的化学物质和生命物质, 其活性和矿质元素含量密切相关, 同时, 酶活性与植物的抗逆性也有关。研究表明, 矿质元素和 SOD 与品种、树形和树龄密切相关, 直接影响果树的抗性生理机制, 使果树各种生理、生化过程协调进行, 保证树体良好的生长状况, 也可减轻体内病害和外界不良条件对树体造成的伤害(宋艳波, 2003)。选择科学家确定的植物必需的 8 种重要土壤矿质元素与果实 SOD 进行相关性分析, 根据表 10-4, 发现无籽刺梨 SOD 含量与土壤 Cu 元素存在极显著的正相关关系, 与 Zn 元素存在显著的正相关关系, 而其余土壤矿质元素与其相关性不高, 说明土壤的 Cu 和 Zn 含量对果实 SOD 含量的增加有促进作用, 具有相当的协同效应。而根据前人的分子进化分析研究, 铜分子伴侣可以传递铜离子到 Cu,Zn-SOD 中, 并将其激活成有活性的酶分子(姚婕和赵艳玲, 2014), 证实了两者的某种同源性, 这对于提高各地无籽刺梨的 SOD 含量有很好的启示。

表 10-4 无籽刺梨果实 SOD 与土壤矿质元素相关性分析

	SOD	Ca	Mg	Zn	Fe	Cu	Mn	Na	B
SOD	1	0.06	−0.32	0.55*	0.14	0.59**	−0.32	−0.31	−0.15
Ca		1	0.58**	0.3	0.62**	0.38	0.53*	0.35	0.01
Mg			1	−0.06	0.26	−0.11	0.68**	0.39	−0.23
Zn				1	0.46*	0.54*	0.3	0.22	−0.18
Fe					1	0.69**	0.41	0.16	0.07
Cu						1	−0.18	−0.34	0.09
Mn							1	0.77**	−0.19
Na								1	0.15
B									1

注: *和 **分别表示在 0.05 和 0.01 水平(双侧)上显著相关。

10.1.3　无籽刺梨 VE 和 β-胡萝卜素含量现状

VE 和 β-胡萝卜素均是存在于无籽刺梨果实中的重要脂溶性维生素，其具有独特的抗氧化作用，也是天然的抗氧化剂。VE 不仅能促进生殖，还能有效对抗自由基，起到美容功效；而 β-胡萝卜素具有解毒作用，在抗癌、预防心血管疾病、预防白内障及抗氧化方面有显著的功能。根据实验室方法采用高效液相色谱法测定无籽刺梨 VE 和 β-胡萝卜素含量现状。VE 的样品测定经超声提取后，用 Kromasil C18 色谱柱，以甲醇为流动相，流速为 1.0mL/min，紫外检测波长为 285nm，VE 标准对照品的液相色谱图的峰面积为 1309650，经计算，VE 标准对照品的浓度为 0.083mg/mL；β-胡萝卜素的样品测定前处理与 VE 相同，以乙腈与三氯甲烷混合溶液(20：40)为流动相，紫外检测波长为 450nm，β-胡萝卜素的标准对照品的液相色谱图的峰面积为 3945377，经计算，β-胡萝卜素的对照品浓度为 0.020mg/mL。将采自三个地区的无籽刺梨优选后，进行混合预处理，得到无籽刺梨果实样品 VE 和 β-胡萝卜素的储备液各 6 个，分别平行 2 次，范围内与峰面积线性关系良好，r 值达到 0.9995 以上，平均回收率为 98%以上。

将测定的三个地区无籽刺梨果实样品 VE 和 β-胡萝卜素色谱图的峰面积代入线性回归方程，计算出兴仁市、乌当区和西秀区三个地区无籽刺梨果实样品的 VE 和 β-胡萝卜素的平均含量，如表 10-5 所示。三个地区中无籽刺梨果实样品 VE 平均含量的大小关系为兴仁市>西秀区>乌当区，三个地区中无籽刺梨果实样品 β-胡萝卜素平均含量的大小关系为兴仁市>乌当区>西秀区，兴仁市种植基地在三个地区中无籽刺梨果实样品 VE 和 β-胡萝卜素平均含量最高，分别达 3.76mg/100g 和 0.0846mg/100g，乌当区与西秀区两者相比，这两类脂溶性维生素的含量相差不大。与其他对照物相比较，无籽刺梨的 VE 在水果中偏高，平均达到 3.17mg/100g，高于芒果的 1.21mg/100g；而黄色水果中 β-胡萝卜素含量较高，芒果是 β-胡萝卜素含量最高的水果，无籽刺梨的 β-胡萝卜素含量也较丰富，均值为 0.0627mg/100g。

表 10-5　喀斯特山区无籽刺梨种植基地果实样品 VE 和 β-胡萝卜素含量

指标	内容	样地				对照	
		兴仁市	乌当区	西秀区	均值	绿茶	芒果
VE 含量	浓度/(mg/100g)	3.76	2.86	2.89	3.17	9.57	1.21
	峰面积	304017	189570	1309650			
β-胡萝卜素	浓度/(mg/100g)	0.0846	0.0587	0.0449	0.0627	5.8000	0.8900
	峰面积	83385	60529	45742			

10.1.4　无籽刺梨果实氨基酸含量现状

氨基酸是果实品质的重要组成部分，其成分与含量也是评价果实品质的主要指标之一。在与果实其他品质特征成分和风味物质合成的同时，其本身也表现出一定的呈味特性（Solms，1969）。当前，对无籽刺梨的研究主要集中在其种质与快繁技术上，对其果实的营养成分，特别是果实氨基酸的研究较少。本实验采用异硫氰酸苯酯柱前衍生法测定喀斯特山区无籽刺梨果实中的氨基酸的平均含量，并对无籽刺梨的氨基酸组成及其含量进行了液相色谱分析。色谱柱为 Hypersil C18 柱，检测波长 254 nm；流动相 A 为乙腈-0.1mol/L乙酸钠溶液-乙酸（7∶93∶0.05），流动相 B 为乙腈-水（80∶20），梯度洗脱，流速 1mL/min。

根据 1973 年 WHO/FAO 提出的蛋白质评价方法（FAO/WHO，1973），分别计算必需氨基酸与总氨基酸的百分比值（E/T）、必需氨基酸与非必需氨基酸的比值（E/N），将这两个值与推荐值比较，看所含氨基酸是否符合理想蛋白质要求。再根据 WHO/FAO 氨基酸标准模式谱，计算 Thr、Val、Leu、Ile、Lys、Phe+Tyr、Met+Cys，与总氨基酸的百分比含量进行比较，看是否符合人体蛋白质组成，从而判断它的营养价值。最后计算味觉氨基酸（鲜味、甜味、芳香族）、药效氨基酸、支链氨基酸等功能氨基酸的含量。综合考虑对氨基酸的组成与营养价值进行分析。

根据内标法计算，具体测定样品的氨基酸组成与含量见表 10-6。由氨基酸含量分析可知，无籽刺梨含有 7 种人体必需氨基酸（Thr、Val、Phe、Met、Ile、Leu、Lys），无籽刺梨成熟果的总氨基酸含量最高为 68.92mg/g。从表 10-6 可知无籽刺梨青果的总氨基酸量为 44.40 mg/g，低于无籽刺梨成熟果的 68.92mg/g。分析结果显示，无籽刺梨从青果期到成熟期的过程中氨基酸的含量在增加，而成熟的无籽刺梨的氨基酸含量高于普通刺梨（30.60mg/g）（鲁敏等，2015）。

表 10-6　无籽刺梨氨基酸组成与含量

氨基酸/(mg/g)	无籽刺梨青果	无籽刺梨成熟果	氨基酸/(mg/g)	无籽刺梨青果	无籽刺梨成熟果
Asp [cd]	7.19	6.34	Leu [ade]	1.51	5.23
Glu [cd]	4.22	7.73	Phe [acd]	1.98	3.67
Ser [c]	1.58	3.42	Lys [ad]	4.23	6.07
Gly [cd]	1.5	4.62	T	44.4	68.92
His [b]	0.92	1.21	E	16.05	27.81
Arg [bd]	1.41	4.29	N	28.35	41.11
Thr [a]	2.98	4.35	CE	2.33	5.5
Ala [c]	2.16	9.85	E/T（%）	36.15	40.35
Pro [c]	8.32	1.16	E/N	0.57	0.68
Tyr [cd]	1.05	2.49	CE/T（%）	5.25	7.98

氨基酸/(mg/g)	无籽刺梨青果	无籽刺梨成熟果	氨基酸/(mg/g)	无籽刺梨青果	无籽刺梨成熟果
Val [ae]	1.95	3.72	味觉氨基酸	28	39.28
Met [ad]	0.44	0.86	药效氨基酸	23.53	41.3
Ile [ae]	2.96	3.91	支链氨基酸	6.42	12.86

注：a-人体必需氨基酸；b-儿童必需氨基酸；c-味觉氨基酸；d-药效氨基酸；e-支链氨基酸。T-总氨基酸；E-必需氨基酸；N-非必需氨基酸；CE-儿童必需氨基酸。

10.1.5　无籽刺梨膳食纤维含量现状

膳食纤维是植物性食物中难以被人体消化的物质，具有促进胃肠移动、诱导肠中有益菌群繁殖等作用(许鹏等，2017)，被称为第七营养素(张玲等，2018)。当前国内外对果实膳食纤维的研究主要集中在大宗果树(如苹果、柑橘等)以及一些果实加工废弃后的果渣上(赵艳云等，2017；耿乙文等，2015)，而近年研究表明，橄榄、杨梅、刺梨等果实也有相当含量的膳食纤维(丁莎莎等，2017；刘玉倩等，2015；周劭桓等，2009)，有关无籽刺梨果实膳食纤维研究却未见报道。由表 10-7 可知，三个研究区膳食纤维的均值差异不大，兴仁市基地均值最大，达 2.75%，最高值达 3.09%，其变异系数也较小，只有 8.00%，为弱变异程度，说明果实膳食纤维含量在兴仁市种植基地比较稳定。三个地区无籽刺梨的膳食纤维含量大小关系为兴仁市>西秀区>乌当区，95%置信区间分别为 2.75±0.07、2.55±0.09和 2.67±0.12。据保守估计，仅贵州省每年无籽刺梨榨汁后产生的果实残渣超过 2 万吨，几乎全部丢弃，造成极大的资源浪费(刘玉倩等，2015)。根据欧盟的食品标准，作为膳食纤维来源食物，其含量需达到 3%左右，而无籽刺梨的膳食纤维含量正处于此标准附近，属于膳食纤维含量较高的果实，高于菠萝(1.3%)、苹果(1.2%)、红橘(0.7%)等传统膳食纤维丰富的水果(王光亚，2009)，是优质膳食纤维的良好来源，具有极大的开发利用价值。

表 10-7　无籽刺梨果实膳食纤维含量现状

样地	样本数	范围/%	均值/%	标准差	变异系数/%	95%置信区间
兴仁市	10	2.38～3.09	2.75	0.22	8.00	2.75±0.07
乌当区	9	2.20～3.12	2.55	0.28	10.98	2.55±0.09
西秀区	10	1.99～3.07	2.67	0.39	14.61	2.67±0.12

10.1.6　无籽刺梨果实水分与灰分含量现状

果实的水分与灰分的含量高低与植物本身的生长特性及其生长环境有着密切的相关性，也是评价果实品质的重要指标(吴水华等，2010)。对无籽刺梨果实水分与灰分含量的定量分析结果见表 10-8。由表 10-8 可知，三个种植基地的无籽刺梨水分含量均在 70%以上，其中乌当区与西秀区的水分均值相对较高，分别为 77.70%和 77.76%，范围分别为

73.93～82.24、74.40～80.52，变异系数分别为 2.97%和 2.66%，变异系数相对较小，这也与两个基地的采样面积较小有关。比较三个种植基地无籽刺梨的灰分，三个研究区果实灰分在 0.75%左右，其中西秀区和乌当区与水分含量相反，其灰分含量相对较低，大小关系依次为兴仁市>乌当区>西秀区，而通过计算三个研究区的水分与灰分含量的相关关系，发现果实水分与灰分含量的相关系数为-0.69，达到极显著的负相关关系，这也与实际情况相同。对三个研究区无籽刺梨果实水分与灰分含量进行了 t 检验分析，见表 10-9，发现各地水分与灰分差异情况有所不同，兴仁市与乌当区、西秀区种植基地水分含量存在显著性差异，而乌当区与西秀区种植基地水分含量差异不显著，对比小气候数据，发现乌当区 (1665.67lx)和西秀区(1347.40lx)的光照照明显高于兴仁市(894.4lx)，光照条件有可能影响果实的水分含量，待进一步研究。此外，三个地区的灰分含量两两之间均不存在显著性差异，个别样点的影响较小。

表 10-8　无籽刺梨果实水分与灰分含量现状

指标	研究区	样本数	范围	均值	标准差	变异系数	95%置信区间
水分/%	兴仁市	10	63.80～79.41	74.27	4.32	5.82%	74.27±1.37
	乌当区	9	73.93～82.24	77.70	2.31	2.97%	77.70±0.77
	西秀区	10	74.40～80.52	77.76	2.07	2.66%	77.76±0.66
灰分/%	兴仁市	10	0.56～1.17	0.84	0.21	25.00%	0.84±0.07
	乌当区	9	0.53～0.94	0.74	0.12	16.22%	0.74±0.04
	西秀区	10	0.22～0.89	0.68	0.19	27.94%	0.68±0.06

表 10-9　三个研究区无籽刺梨果实水分与灰分含量 t 检验结果

项目	兴仁市与乌当区	乌当区与西秀区	兴仁市与西秀区
水分|t|	3.30	0.07	3.49
结果	差异显著	差异不显著	差异显著
灰分|t|	0.09	0.09	0.17
结果	差异不显著	差异不显著	差异不显著

10.1.7　无籽刺梨果实其他营养指标含量现状

果实的蛋白质、总酸、总糖、糖酸比、可溶性固形物和总黄酮是评价无籽刺梨果实的重要指标(李婕羚等，2016；张丹等，2016)，根据相关实验方法，计算出三个研究区果实营养指标含量，结果见表 10-10。对比已有文献对普通刺梨的报道，发现无籽刺梨在这 6 项营养指标上明显优于普通刺梨。蛋白质、总糖和总黄酮含量上，三个地方的均值大小关系为乌当区>兴仁市>西秀区。乌当区的海拔、温度、气压与光照条件均为最佳，且其余两地变化也较类似,据龚荣高等(2009)的研究,气温和日照等生态因子是影响脐橙品质的重要因素,本书的研究结果也类似,但具体影响有待进一步研究。从总酸来看,西秀区无籽刺梨果实明显高于其余两地,但总糖和糖酸比却最低,这也与实际采样过程中果实口感相符。对于新鲜水果,糖酸比大,则水果味道以甜为主;糖酸比小,则水果味道以酸为主(郑丽静等,2015)。有研究表明,含酸量大于1%的柑橘,只有含糖量大于10%、糖酸比大于8.2时,才适口,否则味虽浓,但较酸;含酸量小于0.9%的柑橘,若糖含量不足7.5%,尽管糖酸比也大于8.2,但风味较淡;糖酸比大于12的柑橘,风味往往偏甜。一般认为,水果中含糖量变幅较小,而含酸量变幅较大,本书的研究也显示,总糖相比于总酸的变异系数明显较小,因此含酸量是决定糖酸比大小的主要因素(周用宾等,1985)。

表 10-10　无籽刺梨果实营养指标含量现状

研究区	均值±标准差					
	蛋白质/(g/100g)	总酸/%	总糖/%	糖酸比	可溶性固形物/%	总黄酮/(mg/100g)
兴仁市	2.52±0.15	0.29±1.43	9.44±0.98	32.33	19.5	99.66±48.67
乌当区	3.03±1.06	0.28±1.63	9.75±0.49	35.41	19.0	106.34±11.43
西秀区	2.43±0.42	0.32±0.91	9.02±0.69	28.49	21.0	74.23±26.81
普通刺梨	2.30	—	5.09	—	13.0	59.77

注:普通刺梨数据来自文献(樊卫国,2011;丁小艳,2015;吴洪娥等,2014)。

从三个地区无籽刺梨的可溶性固形物样品的含量来看,西秀区>兴仁市>乌当区,均值分别为21.0%、19.5%和19.0%,分析果实可溶性固形物可以衡量水果成熟情况,以便确定采摘时间。黄酮是一类生物活性很高的小分子化合物,在植物中广泛存在,是许多中草药的有效成分(张汇慧等,2015)。根据丁小艳(2015)对贵州刺梨基地的研究结果,黄酮均值为59.11mg/100g,而无籽刺梨的总黄酮含量普遍高于普通刺梨,特别是乌当区的果实黄酮含量高达106.34mg/100g。已有研究表明,黄酮与超氧阴离子自由基反应阻断自由基引发的连锁反应,与脂质过氧基反应阻断脂质过氧化进程等,同时,还具有消炎、扩张冠状动脉、调节血压、保护心血管和抗肿瘤等重要生物活性(张晓玲等,2005)。本次研究根据试验中无籽刺梨果实的黄酮含量可以看出,在喀斯特山区不同区域无籽刺梨果实所含有的黄酮含量有差异,即使在同一地区的不同居群无籽刺梨果实的黄酮含量也不相同,标准差和变异系数均较大。据此推测无籽刺梨果实的黄酮含量与生长区域没有直接的关系,它应该与自身品种和生长态势有密切联系,这还有待于进一步的考证(王磊和陈庆富,2011)。

10.2　无籽刺梨种植基地果实抗氧化物质提取

抗氧化物质具有抑制或清除自由基的重要作用,人类必须通过日常饮食才能获得足够的抗氧化物,防止自由基对人体健康造成伤害,蔬菜和水果是多种天然抗氧化物的最佳来源(古绍彬等，2013；杨念和芮汉明，2011)。当前，刺梨果的市场开发已经较成熟，被开发为多种医药制剂、功能性食品和健康饮料，已初步形成产业化。无籽刺梨由于种植较晚、开发滞后，其产品开发尚未成形。无籽刺梨果实本身富含维生素、SOD、矿物质以及黄酮类等抗氧化生物活性物质(付慧晓等，2012)，目前的研究主要集中于无籽刺梨的形态学特征、扦插育苗与组培快繁、香气成分分析、抗白粉病及药理特性等生物学和树体的化学成分分析方面(郑元等，2013)，对其功能成分的研究较少，而对无籽刺梨果实抗氧化物质的提取是其产品开发的前提，能更好地实现无籽刺梨的利用价值。本研究设计了无籽刺梨果实中的抗氧化物质的提取工艺，以寻求新型、高效的天然抗氧化剂的制备方案，提高无籽刺梨种植的经济效益。

10.2.1 无籽刺梨果实抗氧化物质提取的单因素分析

1. 提取溶剂对果实抗氧化物质提取的影响

由图 10-1 可知，在 10%～30%乙醇浓度范围内，无籽刺梨的抗氧化活性物质随着乙醇浓度的增大而增大；在 40%乙醇浓度条件下，出现小幅下降，可能是由于提取条件的干扰；当乙醇浓度达到 50%时，无籽刺梨果实的抗氧化活性物质提取率最大，VC 相当量为 0.2592mmol/g，原因可能是高浓度的乙醇较难溶出水溶性物质，而乙醇浓度为 30%～60%时，水溶性和脂溶性物质具有较强的溶解性，在此范围内，无籽刺梨的抗氧化活性相对较高。因此，从 50%乙醇浓度开始，果实的抗氧化活性提取率逐渐下降，根据实验结果，选择 50%的乙醇浓度为最佳提取溶剂。

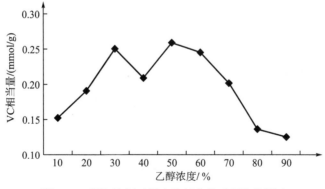

图 10-1 提取溶剂对果实抗氧化物质提取的影响

2. 料液比对果实抗氧化物质提取的影响

由图 10-2 可知，当料液比由 1∶10 改变为 1∶20 时，无籽刺梨的抗氧化物质可能由于溶剂用量的增加有助于其向细胞外扩散(郭玲，2006)，因而其抗氧化活性较高，VC 相当量较大。当料液比达到 1∶20 时，果实的抗氧化物质得率最大，VC 相当量达到

0.6067mmol/g。料液比太小不仅提取不完全，而且因为果实吸收溶剂无法过滤（李攀登等，2010）。在当料液比达到 1∶25 之后，抗氧化物质提取率趋于平稳，且与料液比为 1∶20 时抗氧化物质提取率相差较多，根据结果，选择料液比为 1∶20。

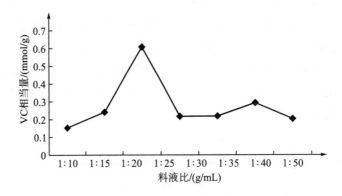

图 10-2　料液比对果实抗氧化物质提取的影响

3. 时间对果实抗氧化物质提取的影响

根据图 10-3，当提取时间由 20min 增加到 30min 时，无籽刺梨的抗氧化活性物质提取率逐渐增加，其原因可能是提取时间的长短对抗氧化物质的溶出具有促进作用，并且当提取时间达到 30min 时，果实的抗氧化物质提取率达到最大，其 VC 相当量为 0.2505mmol/g。此后，随着超声提取时间的延长，抗氧化物质提取率降低并趋于平缓，其原因有可能是较长的提取时间导致部分抗氧化物质因为热不稳定而分解，并且提取时间的延长将导致生产周期和生产成本的增加。因此，选择提取时间为 30min 左右。

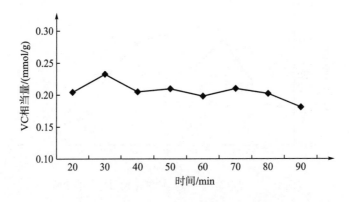

图 10-3　提取时间对果实抗氧化物质提取的影响

4. 提取次数对果实抗氧化物质提取的影响

由图 10-4 可知，随着提取次数的增加，无籽刺梨果实抗氧化物质得率在 2 次内逐渐增大，其 VC 相当量为 0.2399mmol/g，而当提取次数达到 3 次时，可能由于提取条件的干扰，略有下降，此后逐渐增大，在提取次数为 4 次时达到最大。但为了节能和降低成本，选择 2 次最佳。

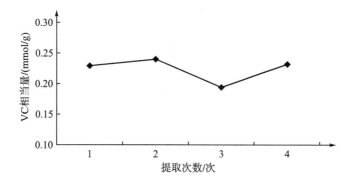

图 10-4　提取次数对果实抗氧化物质提取的影响

10.2.2　无籽刺梨果实抗氧化物质提取的响应面优化结果

在单因子实验设计的基础上，根据响应面设计 Box-Behnken 中心组合设计原理（Muralidhar and Chirumamila，2001），设计了 3 因素 3 水平的响应面分析实验，以提取溶剂（A）、料液比（B）、提取时间（C）为自变量，采用对羟基自由基去除率法测定抗氧化活性物质提取率为响应值。实验设计及结果见表 10-13。

表 10-13　响应面分析方案与结果

实验号	溶剂/%	料液比/(g/mL)	时间/min	VC 相当量/(mmol/g)
1	0	1	1	0.669
2	−1	−1	0	0.317
3	1	0	1	0.649
4	0	0	−1	0.478
5	1	1	0	0.706
6	−1	0	1	0.527
7	−1	1	0	0.521
8	0	−1	−1	0.598
9	−1	0	0	0.480
10	0	0	0	0.620
11	1	−1	0	0.553
12	0	0	0	0.590
13	0	−1	1	0.559
14	1	0	−1	0.631
15	0	0	−1	0.588
16	0	1	0	0.603
17	0	0	0	0.604

　　根据表 10-13，17 个试验点分为析因点和零点，析因点是自变量取值在 A、B、C 所构成的三维顶点，而零点为趋于的中心点，为了验证实验误差需重复至少 3 次零点实验。采用 Design Expert 8.0 软件，对表 10-14 中的结果进行多元拟合回归分析，获得 VC 相当量对提取溶剂、料液比和提取时间的二次多元回归模型：$Y=-1.2544+0.05637\times A+0.04528\times B-0.02334\times C-2.55\times10^{-4}\times A\times B-7.28\times10^{-5}\times A\times C+1.14\times10^{-3}\times B\times C-4.04\times10^{-4}\times A^2-1.45\times10^{-3}\times B^2+1.14\times10^{-4}\times C^2$。

表 10-14　回归模型方差分析

方差来源	平方和	自由度	均方	F 值	显著性水平	显著性
Model	0.099	6	0.016	5.31	0.0105	*
A-溶剂	0.03	1	0.03	9.56	0.0114	*
B-料液比	0.02	1	0.02	6.57	0.0282	*
C-时间	0.012	1	0.012	3.92	0.0758	not significant
AB	0.034	1	0.034	11.03	0.0077	**
AC	0.0004166	1	0.0004166	0.13	0.7216	not significant
BC	0.001951	1	0.001951	0.63	0.4461	not significant
Residual	0.031	10	0.003101			
Lack of Fit	0.017	6	0.002897	0.85	0.5916	not significant
Pure Error	0.014	4	0.003407			
Cor Total	0.13	16				

注：* 表示影响显著水平（$P<0.05$）；** 表示影响极显著水平（$P<0.01$）。

　　为了验证回归方程的有效性，对响应曲面模型进行了方差分析。由表 10-14 可知，模型的 $P=0.0105<0.05$，差异较显著，说明方程拟合度较好，回归方程能很好地描述各因素与响应值之间的关系，证明了该方法是可靠的。失拟项 $P=0.5916>0.05$，差异不显著，说明该方程拟合较好，该模型能代替实验真实点解释响应结果。模型的相关系数 $R^2=0.9380$，说明该模型能解释 93.80% 的响应面变化，果实抗氧化物质提取变化多数来源于提取溶剂、料液比和提取时间的变化，同时，也说明了实验还存在其他干扰，有待继续研究（崔庆新等，2011）。变异系数（CV）为 8.72%，在可接受范围内。以上表明可以用该模型来分析和预测无籽刺梨抗氧化物质提取的最佳条件。从回归方程各项方差分析结果看出，AB 对响应值有极显著影响，A 和 B 对响应值也有显著影响，因素 C 影响较弱。结果表明，试验各因素对抗氧化活性物质提取的影响不呈简单的线性关系，3 因素对响应值影响的大小顺序为提取溶剂＞料液比＞提取时间。

10.2.3　响应面及等高线分析

　　各因素之间两两相互关系对果实抗氧化物质提取率影响的响应面及等高线见

图10-5~图10-7。在响应面分析中，等高线图的形状可以反映交互效应的强弱，椭圆形表示两因素交互作用较显著，而曲面越陡峭表明该因素对响应值的影响越大（林亮等，2008；Sin et al.，2006）。由图可知，提取溶剂和料液比对果实抗氧化物质提取率的影响较为显著，表现为曲面相对陡峭，其余因素的曲面则相对平滑。

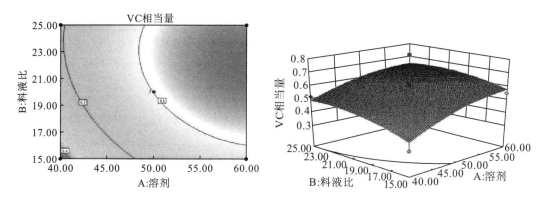

图 10-5　提取溶剂和料液比对果实抗氧化物质提取率的影响的等高线与响应面图谱

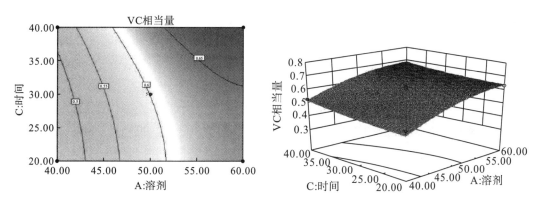

图 10-6　提取溶剂和时间对果实抗氧化物质提取率的影响的等高线与响应面图谱

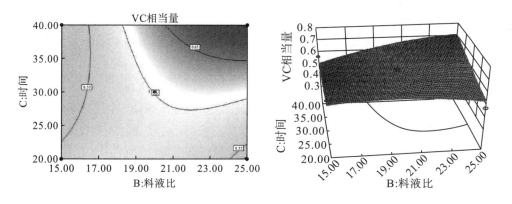

图 10-7　提取时间和料液比对果实抗氧化物质提取率的影响的等高线与响应面图谱

10.2.4 无籽刺梨抗氧化物质的提取与初步分析

本研究在单因素试验的基础上采用响应面法对无籽刺梨果实抗氧化物质进行提取工艺优化，得到最佳提取工艺参数为：提取溶剂50%，料液比1∶25g/mL，提取时间40min，采用该工艺，提取次数为2次，进行3次重复试验，得到提取液的VC相当量为0.6010mmol/g。根据此条件下提取液的VC相当量的理论值为0.6408mmol/g，测定结果接近理论值，与响应面优化结果差异不显著，表明响应面法优化得到的无籽刺梨果实的提取方案科学合理、切实可行。研究结果为无籽刺梨果实今后资源的综合利用以及天然抗氧化剂的开发提供了一定的理论依据。

10.3 本 章 总 结

三个典型种植区中无籽刺梨果实样品VC平均含量的大小关系为乌当区>西秀区>兴仁市，乌当区的无籽刺梨果实样品VC平均含量最高，达905mg/100g。研究发现环境因子中，海拔与气压，特别是海拔对果实VC含量有重要影响。三个研究区的无籽刺梨果实SOD含量均值大小关系为西秀区>兴仁市>乌当区。无籽刺梨SOD含量分别是番茄的6.5倍、菠萝的11倍和普通刺梨的12倍。研究还表明土壤的Cu和Zn含量对无籽刺梨果SOD含量的增加有促进作用。

三个典型种植区无籽刺梨果实样品VE平均含量的大小关系为兴仁市>西秀区>乌当区，果实样品β-胡萝卜素平均含量的大小关系为兴仁市>乌当区>西秀区，兴仁市种植基地无籽刺梨果实样品VE和β-胡萝卜素平均含量最高，无籽刺梨的VE和β-胡萝卜素在水果中较丰富，营养价值较高。

从无籽刺梨的氨基酸含量分析，无籽刺梨含有7种人体必需氨基酸（Thr、Val、Phe、Met、Ile、Leu、Lys）。无籽刺梨从青果期到成熟期的过程中氨基酸的含量在增加，而成熟的无籽刺梨的氨基酸含量高于普通刺梨（30.60mg/g）。无籽刺梨成熟果实中的E/T值为38.03%，E/N值为61.38%，无籽刺梨中的蛋白质接近理想蛋白质的要求。兴仁市基地膳食纤维均值最大，达到2.75%，果实膳食纤维含量也较高，属于膳食纤维含量较高的果实，可作为膳食纤维来源食物。

三个典型种植区中，果实灰分在0.75%左右，其中西秀区和乌当区灰分含量相对较低。果实水分与灰分含量存在极显著的负相关关系。而t检验结果表明，兴仁市与乌当区、西秀区种植基地水分含量存在显著性差异。小气候数据表明，光照条件有可能影响果实的水分含量，可待进一步研究。此外，三个典型种植区无籽刺梨果实的灰分含量两两之间均不存在显著性差异。

本研究得到了最佳提取无籽刺梨抗氧化物质工艺的参数为提取溶剂50%，料液比

1：25g/mL，提取时间 40min，该研究选择采用 Box-Behnken 中心组合实验和响应面法优化无籽刺梨抗氧化物质的提取，方程模拟较好，实验误差在接受范围之内。但本研究的提取暂未采用任何物理辅助手段，待后续进一步研究时，可选择采用微波或超临界技术来促进抗氧化活性物质的溶出，以便提高提取率。

参 考 文 献

陈宗礼, 贺晓龙, 张向前, 等, 2012. 陕北红枣的氨基酸分析[J]. 中国农学通报, 28(34)：296-303.

崔庆新, 刘军海, 黄宝旭, 等, 2011. 响应面分析法优化党参多糖提取工艺[J]. 药物分析杂志, 31(5)：816-820.

丁莎莎, 黄立新, 张彩虹, 等, 2017. 油橄榄果渣膳食纤维碱法提取工艺优化及其理化性质研究[J]. 林产化学与工业, 37(1)：116-122.

丁小艳, 2015. 贵州不同基地刺梨果及叶质量对比分析及抗氧化活性研究[D]. 贵阳：贵州师范大学.

丁小艳, 杨皓, 陈海龙, 等, 2015. 喀斯特山区刺梨种植基地的土壤养分状况[J].贵州农业科学, 43(5)：120-124.

樊卫国, 2011.刺梨新品种'贵农 5 号'[J].中国果业信息, 38(8)：56-57.

付慧晓, 王道平, 黄丽荣, 等, 2012. 刺梨和无籽刺梨挥发性香气成分分析[J]. 精细化工, 29(9)：875-878.

耿乙文, 哈益明, 靳婧, 等, 2015. 过氧化氢改性苹果渣膳食纤维的研究[J]. 中国农业科学, 48(19)：3979-3988.

龚荣高, 叶光志, 吕秀兰, 等, 2009. 主要生态因子与脐橙果实糖酸比的灰色关联度分析[J]. 中国南方果树, 38(3)：24-26.

古绍彬, 吴颖, 董红敏, 等, 2013. 苹果多酚抗氧化作用及其清除自由基能力的研究[J]. 中国粮油学报, 28(4)：58-61.

郭玲, 2006. 新疆石榴生理活性物质的提取及其特性的研究[D].合肥：安徽农业大学.

何照范, 熊绿芸, 国光民, 等, 1988. 刺梨果实的营养成分[J]. 营养学报, 10(3)：262-266.

李婕羚, 胡继伟, 李朝婵, 2016. 贵州不同种植地区无籽刺梨果实品质评价[J]. 果树学报, (10)：1259-1268.

李攀登, 张崇禧, 李金玲, 等, 2010. 星点设计-效应面法优化刺五加叶提取工艺[J]. 药物分析杂志, 30(6)：1064-1068.

林亮, 李稳宏, 乔静, 等, 2008. 响应面法优化广西桔梗总皂甙提取工艺[J]. 西北大学学报, 38(5)：759-762.

刘玉倩, 孙雅蕾, 鲁敏, 等, 2015. 刺梨果实中膳食纤维的组分与含量[J].营养学报, 37(3)：303-305.

鲁敏, 安华明, 赵小红, 2015. 无籽刺梨与刺梨果实中氨基酸分析[J]. 食品科学, 36(14)：118-121.

任吉君, 王艳, 周荣, 等, 2008. 不同种类蔬菜 SOD 活性的研究[J].北方园艺, 6：39-40.

宋艳波, 2003. 不同品种枣树 SOD、POD、PPO 活性与矿质元素含量的相关性研究[D]. 晋中：山西农业大学.

王光亚, 2009. 中国食物成分表[M]. 北京：北京大学医学出版社.

王磊, 陈庆富, 2011.喀斯特山区不同居群火棘果实黄酮含量研究[J].北方园艺, 20(19)：8-10.

王琦, 徐新莲, 贾维峰, 等, 2005. 我国 SOD 水果生产现状与发展对策[J].中国果业信息, 22(7)：9-11.

吴国荣, 魏锦城, 1994. 水果超氧物歧化酶活性及性质[J]. 南京师大学报(自然科学版), 2：113-120.

吴洪娥, 金平, 周艳, 等, 2014. 刺梨与无籽刺梨的果实特性及其主要营养成分差异[J].贵州农业科学, 42(8)：221-223.

吴水华, 程伟青, 柯伙钊, 等, 2010. 不同来源金线莲中水分灰分及微量元素的测定[J]. 时珍国医国药, 21(12)：3185-3186.

许鹏, 冒树泉, 胡斌, 等, 2017. 鼠尾藻粉脆片的配方研究[J]. 科学养鱼, 3：72-74.

杨皓, 李婕羚, 范明毅, 等, 2016. 无籽刺梨研究进展与展望[J]. 江苏农业科学, 44(10)：38-42.

杨念, 芮汉明, 2011. 响应面法优化金针菇抗氧化物质的超声波辅助提取工艺[J]. 食品科学, 4：126-130.

姚婕，赵艳玲，2014. 植物 Cu，Zn-OD 分子调控机理研究进展[J].热带农业科学，34（3）：55-61.

张丹，韦广鑫，王文，等，2016. 安顺普定刺梨与无籽刺梨营养成分及香气物质比较研究[J]. 食品工业科技，37（12）：149-154.

张汇慧，吴彩娥，范龚伟，等，2015. 刺梨黄酮的精制及其抗氧化活性比较[J]. 南京林业大学学报（自然科学版），3：101-105.

张玲，陈代文，余冰，等，2018. 两种类型膳食纤维对 BALB/c 小鼠结肠细菌群落结构的影响[J]. 微生物学通报，45（2）：395-404.

张晓玲，瞿伟菁，孙斌，等，2005. 刺梨黄酮的体外抗氧化作用[J]. 天然产物研究与开发，17（4）：396-400.

赵艳云，Jung Jooyeoun，2017. 果渣作功能性食品辅料和绿色包材原料的增值利用[J]. 中国食品学报，17（4）：1-13.

郑丽静，聂继云，闫震，2015. 糖酸组分及其对水果风味的影响研究进展[J]. 果树学报，32（2）：304-312.

郑元，吴月圆，辛培尧，等，2013. 环境因子对无籽刺梨光合生理日变化进程的影响研究[J].西部林业科学，42（3）：21-27.

钟雁，范志伟，储蓉，等，2016. 无籽刺梨扦插繁殖技术研究[J]. 种子，35（11）：131-133.

周劭桓，成纪予，叶兴乾，2009. 杨梅渣抗氧化活性及其膳食纤维功能特性研究[J]. 中国食品学报，9（1）：52-58.

周用宾，蔡颖，胡淑兰，1985. 柑橘果实糖酸含量与风味品质的关系[J]. 园艺学报，12（4）：282-283.

BLAGOVESHCHENSKY V A，1937.The influence of conditions of growth on the vitamin C content of certain plants[J]. Bull.biol.med.exp.urss，3：189-190.

Ec，On nutrition and health Claims made on foods.2016.

FAO/WHO，1973. Energy and protein requirements：report of the Joint FAO/WHO Ad Hoc Expert Committee[R]. FAO Nutrition Meeting Report Series No.52，Rome and WHO Technical Report Series No.522，Geneva.

MURALIDHAR R V，CHIRUMAMILA R R，2001. A response surface approach for the comparison of lipase production by Canida cylindracea using two different carbon sources[J]. Biochemical Engineering Journal，9（1）：17-23.

SIN H N，YUSOF S，HAMID N S A，et al.，2006. Optimization of hot water extraction for sapodilla juice using response surface methodology[J]. Journal of Food Engineering，74（3）：352-358.

SOLMS J，1969. Taste of amino acids，peptides，and proteins[J].Journal of Agricultural and Food Chemistry，17（4）：686-688.

第11章　菌根技术在无籽刺梨栽培中的应用

为探究外生菌根真菌对无籽刺梨生长发育和营养物质吸收的影响，欲寻求一种最佳的无籽刺梨栽培技术，研究不同外生菌根菌对无籽刺梨的株高、地径、生物量、不同部位的碳、氮、磷分布的影响。目前，关于无籽刺梨种植基地的土壤及植株碳、氮、磷方面的研究少见报道，而土壤碳、氮、磷含量对作物的产量及品质有直接影响(习斌等，2015)。因此，采用野外调查与室内分析相结合的方法(李青等，2016)，通过采集喀斯特地区无籽刺梨种植基地土壤及植株样品，对其土壤养分与植株碳、氮、磷分布特征进行研究，旨为指导喀斯特环境中无籽刺梨的合理种植和可持续发展提供科学依据。

11.1　菌根菌在植物中的应用

菌根是土壤中真菌与植物根系形成的互惠共生体，菌根分为外生菌根(arbuscular mycorrhizal fungi，AMF)和内生菌根(endotrophic mycorrhiza，EM)。外生菌根是由菌根真菌菌丝体包围宿主植物尚未木栓化的营养根形成，其菌丝体不穿透细胞组织内部，只在细胞壁之间延伸生产；内生菌根是菌丝体可以穿透细胞壁，进入细胞内部，外生菌根的研究领先于内生菌根的研究(高志刚，2011；刘润进，2000；弓明钦等，1997)，外生菌根真菌在生物学、生态系统稳定、生态安全、植被与环境修复等方面所表现出的巨大研究潜力和应用价值愈发引起人们的关注(曹丽霞等，2015；白梨花等，2013；高志刚，2011；郑玲和吴小芹，2008；杨宏宇等，2005；吴强盛等，2003)。但从发展的前景来看，内生菌根比外生菌根的发展前景更好(高志刚，2011)。

11.1.1　菌根的生态功能及其对植物生长的影响

菌根可以促进植物的健壮生长(Sun et al.，2017；Lugtenberg and Kamilova，2009)，外生菌根能够提高幼苗成活率、促进苗木的生长、促进宿主植物根系对水分与养分的吸收(Song et al.，2007；Yu and Liu，2002)。孙民琴等(2007)研究了接种外生菌根真菌对马尾松、黑松和湿地松出苗和生长的影响，表明播种时接种外生菌根菌可提高种子的出苗率，使出苗时间提前，且菌根菌能显著提高松苗的苗高、地径、侧根数和干重(朱教君等，2003)。内生真菌枝孢属(*Cladosporium* sp.)菌株的接种能对丹参品质和产量产生有益影响(周丽思等，2018)。丛枝菌根(arbuscular mycorrhizae，AM)真菌的接种显著增加星星草(*Puccinellia tenuiflora*)生物量，同时减少芽硼浓度；菌根接种也略增加了地上部分的磷和钾的浓度，降低了地上部分的钠浓度，有效缓解了硼、盐和干旱的综合胁迫(Liu et al.，2018)。这主要是因为菌根具有以下生态功能(Lugtenberg and Kamilova，2009；赵文智和程国栋，2001；刘润进，2000；弓明钦等，1997)：①菌根真菌有"生物肥料"的作用，利用它可以降低速效肥的用量，从而减轻硝态氮对地下水和地表水资源的污染程度；②菌根菌能提高植物的抗道性、抗盐碱性、诱导系统抗性、竞争营养物和生态位，可以在贫瘠的土壤上种植，提高土壤的利用率；③菌根菌能保护植物吸收根和扩大根系的吸收面积，分泌多种酶、生长激素和生物调节素，刺激根生长并降低疾病水平，对提高苗木的质量和产量、增加造林的成活率和保存率、促进幼苗生长发育有积极的作用。

11.1.2　菌根菌在植物幼苗建立中的应用

丛枝菌根真菌根系定殖对植物的建立和生长发挥重要作用(Alguacil et al.，2011)。丛枝菌根真菌优化了次生代谢产物的生长和产生。菌根共生能够促进幼苗的生长和植物化学产物最大化(Lima and Silva，2015)。板栗幼苗接种外生菌根菌绵毛丝膜菌(*Cortinarius sublanatus*)后，幼苗的光能利用效率增高，利用弱光能力增强，对强光的适应能力和利用能力增强，而消耗光合产物的速率降低(柴迪迪等，2013)。张文泉和闫伟(2013)研究表明樟子松实生苗菌根化对苗木生长有明显的促进作用，提高了苗木对干旱胁迫的抵御能力，菌根菌厚环乳牛肝菌和点柄乳牛肝菌的固体菌剂可用于樟子松菌苗生产。五角枫(*Acer mono*)、榆树(*Ulmus pumila*)、白蜡(*Fraxinus chinensis*)和樟子松(*Pinus sylvestris* var.*mongolica*)幼苗接种菌根菌剂后，均显著提高了其幼苗的株高、基径、顶枝长和生物量，显著影响幼苗的生物量分配，而接种内生菌剂的白蜡根冠比显著减小，接种外生菌剂的樟子松根冠比显著增加，且接种菌根菌剂还能提高根际土壤有机质和全氮含量，改良幼苗生长基质(张可可等，2017)，菌根菌剂在干旱贫瘠地区造林中具有很强的应用价值。王红菊等(2011)实验筛选出"陶粒+草炭基质"，既适合黄瓜和生菜幼苗生长，又适宜丛枝菌根真菌侵染，是菌根化苗培育的理想备选基质。

11.1.3　菌根菌在植物修复改良环境污染环境的应用

污染样地可以通过外生菌根和内生真菌共同接种来改善和修复(Ważny et al.，2018)。丛枝菌根是植物根部不可或缺的功能部分，并且被广泛认为可以促进植物在严重受干扰的地区(包括受重金属污染的地区)的生长(Kaur and Garg，2017；Garcíasánchez et al.，2017；Gaur and Adholeya，2004)。在重金属污染条件下，丛枝菌根真菌可以减轻重金属对植物的毒害，影响植物对重金属的吸收和转运，在重金属污染土壤的植物修复中显示出极大的应用潜力(王发园和林先贵，2007)。如接种丛枝菌根的俄罗斯黑松(*Acroptilon repens* L.)能有效促进镉污染土壤的恢复(Rasouli-Sadaghiani et al.，2018)。

不同浓度 Cd 对 1 年生樟子松(*Pinus sylvestris* var.*mongolica*)苗期植株胁迫 1 个月后,接种外生菌根-褐环乳牛肝菌(*Suillus luteus*)的樟子松苗可以有效正向调节樟子松的生长、抗氧化胁迫能力,并提高苗木细胞渗透调节作用、苗木对重金属的耐受性和苗木根际土壤生物活性(尹大川等,2017)。在低镉污染条件下,接种菌剂可以显著增加水稻营养器官生物量,提高水稻籽实产量,菌剂的施加使水稻籽实镉含量符合国家食品安全标准的土壤安全生产阈值由 0.20 mg/kg 提高到 0.32 mg/kg(杨基先等,2018)。外生菌根菌接种改善了中、低酸处理下土壤的 pH,土壤酸化具备缓冲作用,接种彩色豆马勃(*Pisolithus tinctorius*)能提高酸雨处理下马尾松(*Pinus massoniana*)植株根系吸收营养(氮、磷、钾和镁)的能力,降低根系铝毒害(陈展和尚鹤,2014)。接种双色蜡蘑(*Laccaria bicolor*)通过促进酸性铝胁迫下马尾松幼苗对磷、钙和镁等养分的吸收,推动磷、钙和铝向地上部转运,抑制或不影响铝的吸收且稀释铝浓度来提高马尾松苗木对铝毒的抗性(辜夕容等,2018),有助我国酸性土壤林区的造林和植被恢复。另外,有研究表明碳可以通过真菌菌丝体从已建立的植物向植物幼苗转移,外生菌根真菌菌丝体可作为重要的碳汇(Nakanohylander and Olsson,2007),深入研究碳在植物间的循环。

11.2　菌根技术在无籽刺梨苗木中的应用

尽管前人对外生菌根菌的促进植物生长作用已有大量研究(Sun et al.,2017;张文泉和闫伟,2013;Lugtenberg and Kamilova,2009;朱教君等,2003;Sinclair,1982),但针对菌根菌促进无籽刺梨对营养物质吸收机理仍然不十分清楚,加之所使用的菌根种类非常有限,通过引进的外来菌根真菌的适应性等方面的原因不确定。为此,本研究从促进植物的生长发育与养分利用出发,探究不同外生菌根真菌对无籽刺梨生长与营养物质吸收的影响,寻求一种最佳的无籽刺梨繁殖技术,培育出丰产高质的无籽刺梨,为大批量优质高产无籽刺梨苗木的培育提供技术指导,进一步推动无籽刺梨种植业的发展。

11.2.1　试验样地概况

根据贵州无籽刺梨生长的实际情况,兼顾土壤类型、树体年龄与长势均相同的特点,选择安顺市西秀区双堡镇无籽刺梨种植基地为试验样地。西秀区位于贵州中部腹地,云贵高原东坡,东经 105°49′~106°21′,北纬 22°56′~26°26′。海拔 1100~1400m,西秀区属北亚热带季风湿润型气候,极端最高温为 34.3℃,极端最低温为-7.6℃,年平均气温为 13.2~15℃。四季分明,全年平均降水量为 968~1309mm,雨量较为充沛。无霜期较长,较适宜无籽刺梨的生长。地带性土壤黄壤,种植基地主要土壤化学性质见表 11-1。

表 11-1　研究区域土壤主要化学性质

土壤层次	土壤化学性质							
	pH	有机质/(g/kg)	碱解氮/(mg/kg)	有效磷/(mg/kg)	速效钾/(mg/kg)	全氮/(g/kg)	全磷/(g/kg)	全钾/(g/kg)
A 层(0~20 cm)	4.76	35.37	45.42	3.87	65.00	0.77	0.41	8.02
B 层(20~40 cm)	4.69	26.09	37.25	3.18	59.00	0.56	0.30	6.50

11.2.2　试验材料

供试菌种为紫色马勃(*Calvatia uiacina*)和鸡油菌(*Cantharelles cibarius* Fr.)外生菌根菌，从无籽刺梨主产区采集健康子实体，在实验室进行分离纯化获得母种，再经扩大繁殖获菌丝体菌种，具体接种菌种菌株浓度见表 11-2。

表 11-2　供试菌种及处理

处理水平	因素	
	A：鸡油菌液体菌种/g	B：紫色马勃液体菌种/g
1	0	0
2	50	50
3	100	0
4	0	100

11.2.3　试验方法

于春季萌芽前(2014 年 1 月)采集 1 年生无籽刺梨硬技，切成 5~8cm 小段，浸入 800~1000mg/kg ABT 生根粉溶液 30 s，然后轻轻插入移入育苗基地中。苗木在移栽到试验样地时进行了外生菌根菌接种，接种方法见文献(Lu et al.，1998)，具体接种菌种菌株见表 11-2。苗木每周施液体肥 1 次。接种前用显微镜检查苗木根系，接种苗木 100%见到菌根，对照组没有菌根。

移栽 30d 后，每个大棚施复合肥 3kg，将 3kg 复合肥溶于 100kg 水中，浇在插穗基部；60d 后，将遮阳网揭开，每个大棚施肥 6kg，方法为将 3kg 复合肥溶于 100kg 水中，浇在插穗基部。每小区设置三个 1m² 的小样方，等扦插完成后 1.5 年采集无籽刺梨的不同部位的植株样品。取样带回实验室烘干，取样进行植株化学成分测试。

11.2.4　项目测定

地径、株高及生物量测定：于扦插完成后 2 个月开始(2014 年 2 月、4 月、6 月、8 月、10 月、12 月)使用直尺及电子游标卡尺分别测定无籽刺梨株高生长、地径变化，扦插完成 1.5 年后，每个处理随机抽取 10 株测定扦插成活后无籽刺梨生物量(根、茎、枝、叶等部位)。

土壤 pH 采用电极电位法(土水比 1 : 2.5)测定；有机质、有机碳含量采用高温外加热重铬酸钾氧化-容量法测定；全氮含量采用开氏法测定；碱解氮含量采用碱解扩散法测定；全磷含量采用酸溶-钼锑抗比色法测定；有效磷含量采用盐酸-氟化氨提取-钼锑抗比色法测定；全钾含量采用氢氟酸高氯酸消煮-火焰分光光度法测定；速效钾含量采用乙酸铵浸提-火焰光度法(南京农业大学，1986)测定。

11.2.5　结果与分析

1. 接种菌根菌对无籽刺梨生长的影响

由图 11-1 可知，接种外生菌对无籽刺梨的生长有促进作用，扦插完成的第 6 个月后，无籽刺梨开始生长，其中对照组的株高变化最小，为 10 cm，鸡油菌和紫色马勃菌一起使用对株高促进最大，为 20 cm，且为对照处理的 1 倍，单独使用鸡油菌和马勃菌对株高变化的差异不大；6～10 月无籽刺梨均随着时间的增长，株高呈明显增长的趋势，使用外生菌根菌对株高的增加明显大于对照组，而鸡油菌和紫色马勃菌一起使用对株高促进最大，变化了 66 cm；10～12 月无籽刺梨株高不变，表明无籽刺梨进入休眠期，生长停止。从总体趋势来看，鸡油菌和紫色马勃菌一起使用时株高生长最快，与其他处理差异明显；单独使用鸡油菌和马勃菌对无籽刺梨的株高生长次之，但两个处理间差异不明显；对照处理对株高生长较慢。表明外生菌根菌处理对无籽刺梨株高生长具有明显促进作用，与弓明钦等(2004)研究外生菌根菌接种对桉树幼苗苗高生长的促进作用一致。

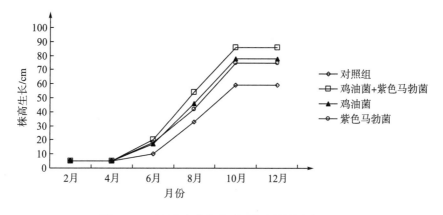

图 11-1　不同外生菌根菌对无籽刺梨株高的影响

由图 11-2 可知，外生菌根真菌对无籽刺梨生长均产生了显著影响，接种外生菌对无籽刺梨的地径生长的效果最明显，2～8 月随着时间的增长无籽刺梨地径都呈现增长的趋势，使用外生菌根菌对地径的增加明显大于对照组，而其他三组处理对地径的影响不大；

10～12 月地径变化大小为鸡油菌+紫色马勃菌＞鸡油菌＞马勃菌＞对照处理。从总体趋势来看，鸡油菌和紫色马勃菌混合使用时对无籽刺梨的地径影响最大，外生菌根菌处理对无籽刺梨地径生长具有明显促进作用，与张文泉和闫伟(2013)研究促进对菌根化苗木的苗高、地茎生长的结果一致。

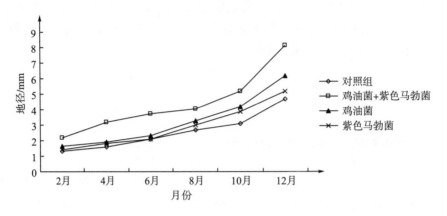

图 11-2　不同外生菌根菌对无籽刺梨地径的影响

2. 接种菌根菌对无籽刺梨生物量的影响

由图 11-3 可知，各处理间差异显著，"鸡油菌+紫色马勃菌"的生物量最大，总计为868 g，单独接种鸡油菌的总生物量次之(661 g)，对照组的总生物量最小，为 479 g，"鸡油菌+紫色马勃菌"的生物量的根、茎、枝、叶生物量分别为 56 g、479 g、198 g、135 g，均比其他处理生物量高，表明"鸡油菌+紫色马勃菌"的生物量能很好地促进无籽刺梨根的分化与生长，从而促进植株整体的生长，表现出较高的生物量积累。从不同部位生物量来看，茎＞枝＞叶＞根。

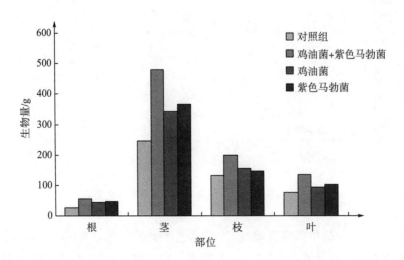

图 11-3　不同外生菌根菌对无籽刺梨生物量的影响

3. 菌根菌对无籽刺梨 C、N、P 含量的影响

由表 11-3 可知，与对照组比较，接种菌根菌对无籽刺梨的根、茎、叶中养分 C、N、P 的含量均比对照组明显提高，且不同植物部位的提高含量有差异。C、N 含量表现为叶部＞茎部＞根部，P 含量表现为叶部＞根部＞茎部，表明叶片是 N、P、K 的积累中心。方差分析表明不同菌根菌处理间无籽刺梨幼苗根、茎、叶中 C、N、P 含量存在显著差异（$P<0.05$），外生菌根菌的存在，增加了其宿主植物根系的养分吸收面积，从而为宿主提供更多的养分，而不同养分在植物的不同部分富集有差异，最终导致菌根菌接种增加 C、N、P 在无籽刺梨的不同部位的分布，这与前人的研究外生菌根菌促进植物对养分的吸收的效果是一致的（刘润进和陈应龙，2007）。

表 11-3　无籽刺梨不同部位的 C、N、P 含量

不同处理	有机碳/(g/kg)			全氮/(g/kg)			全磷/(mg/kg)		
	根	茎	叶	根	茎	叶	根	茎	叶
对照组	212.57c	330.62c	342.08c	9.31c	10.35c	14.21c	3.06c	2.73c	3.24c
鸡油菌+紫色马勃菌	292.57a	350.62a	362.08a	11.21a	12.35b	16.21a	6.73a	5.68a	7.35a
鸡油菌	288.11b	345.11ab	355.18ab	10.09b	11.19b	15.78b	4.68b	4.09b	5.65b
紫色马勃菌	284.64b	340.64b	350.82ab	9.84c	10.78c	15.08b	4.03b	3.42bc	5.21b

注：不同小写字母表示不同处理之间差异显著（$P<0.05$）。下同。

4. 菌根菌对无籽刺梨 C、N、P 含量的影响

由表 11-4 可知，与对照组比较，接种菌根菌对无籽刺梨的根、茎、叶中 C∶N、N∶P、C∶P 影响显著（$P<0.05$）。C∶N 表现为茎部＞根部＞叶部，N∶P 表现为叶部＞茎部＞根部。方差分析表明外生菌根菌处理对无籽刺梨根部的 N∶P、C∶P 具有显著差异（$P<0.05$），但是使无籽刺梨茎部 C∶N 降低。

表 11-4　无籽刺梨不同部位的化学计量之比

不同处理	C∶N			N∶P			C∶P		
	根	茎	叶	根	茎	叶	根	茎	叶
对照组	22.83c	31.94a	24.07a	3.04a	3.79a	4.38a	69.46a	121.10a	105.58a
鸡油菌+紫色马勃菌	26.09b	28.39c	22.33c	1.66c	2.17c	2.20bc	43.47b	61.72c	49.26c
鸡油菌	28.55a	30.84ab	22.50c	2.15b	2.73b	2.79b	61.56ab	84.37bc	62.86b
紫色马勃菌	28.92a	31.59a	23.26b	2.44b	3.15ab	2.89b	70.63a	99.60b	67.33b

11.2.6　结论

　　接种外生菌对无籽刺梨的株高、地径生长有促进作用，其中鸡油菌和紫色马勃菌一起使用对无籽刺梨的生长促进最明显，两种外生菌根菌相互协调，共同促进无籽刺梨的扦插后的生长与发育；"鸡油菌+紫色马勃菌"的总生物量最大，单独接种鸡油菌的总生物量次之，对照组的总生物量最小，从不同部位生物量表现为茎＞枝＞叶＞根；接种菌根菌对无籽刺梨的根、茎、叶中养分 C、N、P 的含量均比对照组明显提高，叶片是 C、N、P 的积累中心，外生菌根菌处理对无籽刺梨根部的 N：P、C：P 具有显著提高，对无籽刺梨茎部 C：N 有降低作用。

参 考 文 献

白梨花，斯日格格，曹丽霞，等，2013.丛枝菌根对牧草与草地生态系统的重要作用及其研究展望[J].草地学报，21(2)：214-221.

曹丽霞，福英，侯伟峰，等，2015.丛枝菌根在退化生态系统恢复中的作用及其研究展望[J]. 北方园艺，14：182-189.

柴迪迪，郭素娟，秦天天，等，2013. 接种菌根菌后板栗幼苗光合作用的光响应曲线[J]. 中南林业科技大学学报，33(08)：38-42.

陈展，尚鹤，2014.接种外生菌根对模拟酸雨胁迫下马尾松营养元素的影响[J]. 林业科学，50(01)：156-163.

高志刚，2011. 菌根在植物中的应用[J]. 科学技术创新，14：224.

弓明钦，陈应龙，仲崇禄，1997. 菌根研究及应用[M]. 北京：中国林业出版社.

弓明钦，陈羽，王凤珍，2004. AM 菌根化的两种桉树苗对青枯病的抗性研究[J]. 林业科学研究，17(4)：441-446

辜夕容，倪亚兰，江亚男，等，2018. 接种双色蜡蘑对酸性铝胁迫下马尾松幼苗生长、养分和铝吸收与分布的影响[J]. 林业科学，54(2)：170-178.

李青，刘盈盈，张家春，等，2016. 高海拔党参产地土壤与植株碳、氮、磷丰缺现状及诊断[J]. 西南农业学报，29(12)：2896-2901.

刘润进，2000. 丛枝菌根及其应用[M]. 北京：科学出版社.

刘润进，陈应龙，2007. 菌根学[M].北京：科学出版社.

南京农业大学，1986. 土壤农化分析[M].北京：中国农业出版社.

孙民琴，吴小芹，叶建仁，2007. 外生菌根真菌对不同松树出苗和生长的影响[J]. 南京林业大学学报(自然科学版)，31(5)：39-43.

王发园，林先贵，2007. 丛枝菌根在植物修复重金属污染土壤中的作用[J]. 生态学报，27(2)：793-801.

王红菊，王幼珊，张淑彬，等，2011. 丛枝菌根真菌在蔬菜基质育苗上的应用研究[J]. 华北农学报，26(2)：152-156.

吴强盛，夏仁学，张琼华，2003. 果树上的一种新型生物肥料-丛枝菌根[J].北方园艺，6：27-28.

习斌，翟丽梅，刘申，等，2015. 有机无机肥配施对玉米产量及土壤氮磷淋溶的影响[J]. 植物营养与肥料学报，21(2)：326-335.

杨宏宇，赵丽莉，贺学礼，2005.丛枝菌根在退化生态系统恢复和重建中的作用[J].干旱区地理，28(6)：836-842.

杨基先，赵廷，王立，等，2018. 低镉浓度下丛枝菌根真菌对植物的保护作用[J]. 哈尔滨工业大学学报，50(2)：77-81.

尹大川，邓勋，宋小双，等，2017. Cd 胁迫下外生菌根菌对樟子松生理指标和根际土壤酶的影响[J]. 生态学杂志，36(11)：

3072-3078.

张可可, 蒋德明, 余海滨, 等, 2017. 接种菌根菌剂对科尔沁沙地 4 种造林幼苗生长特性的影响[J].生态学杂志, 36(07)：1791-1800.

张文泉, 闫伟, 2013. 外生菌根菌对樟子松苗木生长的影响[J]. 西北植物学报, 33(05)：998-1003.

赵文智, 程国栋, 2001. 菌根及其在荒漠化土地恢复中的应用[J]. 应用生态学报, 12(6)：947-950.

郑玲, 吴小芹, 2008. 黑松菌根共生体中真菌液泡形态构架及其活力[J]. 植物生态学报, 32(4)：932-937.

周丽思, 唐坤, 郭顺星, 2018. 内生真菌枝孢属 Cladosporium sp.对丹参生长和丹酚酸含量的影响[J]. 菌物学报, 1：95-101.

朱教君, 徐慧, 许美玲, 等, 2003. 外生菌根菌与森林树木的相互关系[J]. 生态学杂志, 22(6)：70-76.

ALGUACIL M M, TORRES M P, TORRECILLASE, et al., 2011. Plant type differently promote the arbuscular mycorrhizal fungi biodiversity in the rhizosphere after revegetation of a degraded, semiarid land[J]. Soil Biology & Biochemistry, 43(1)：167-173.

GARCÍASÁNCHEZ M, STEJSKALOVÁ T, GARCÍAROMERA I, et al., 2017. Risk element immobilization/stabilization potential of fungal-transformed dry olive residue and arbuscular mycorrhizal fungi application in contaminated soils[J]. Journal of Environmental Management, 201：110-119.

GAUR A, ADHOLEYA A, 2004. Prospects of arbuscular mycorrhizal fungi in phytoremediation of heavy metal contaminated soils[J]. Current Science, 86(4)：528-534.

KAUR H, GARG N, 2017. Recent perspectives on cross talk between cadmium, zinc, and arbuscular mycorrhizal fungi in plants[J]. Journal of Plant Growth Regulation, 8：1-14.

LIMA C S, SILVA F S B D, 2015. Mycorrhizal Fungi (AMF) increase the content of biomolecules in leaves of Inga vera Willd. seedlings[J]. Symbiosis, 65(3)：117-123.

LIU C, DAI Z, CUI M, et al., 2018. Arbuscular mycorrhizal fungi alleviate boron toxicity in Puccinellia tenuiflora, under the combined stresses of salt and drought[J]. Environmental Pollution, 240：557-565.

LU X, MALAJCZUK N, DELL B, 1998.Mycorrhiza formation and growth of Eucalyptus globulus seedlings inoculated with spores of various ectomycorrhizalfungi[J]. Mycorrhiza, 8：81-86

LUGTENBERG B, KAMILOVA F, 2009. Plant-growth-promoting rhizobacteria[J]. Annual Review of Microbiology, 2009(1)：541-556.

NAKANOHYLANDER A, OLSSON P A, 2007. Carbon allocation in mycelia of arbuscular mycorrhizal fungi during colonisation of plant seedlings[J]. Soil Biology & Biochemistry, 39(7)：1450-1458.

RASOULI-SADAGHIANI M H, BARIN M, KHODAVERDILOO H, et al., 2018. Arbuscular mycorrhizal fungi and rhizobacteria promote growth of russian knapweed (acroptilon repens, L.) in a cd-contaminated soil[J]. Journal of Plant Growth Regulation：1-9.

SINCLAIR W A, SYLVIA D M, LARSEN A O, 1982. Disease suppression and growth promotion in Douglas-fir seedlings by the ectomycorrhizal fungus Laccaria laccata[J]. Forest Science, 28(2)：191-201.

SONG R Q, JU H B, QI J Y, et al., 2007. Effect of ectomycorrhizal fungi on seedliing growth of Mongol Scotch Pine[J]. Journal of Fungal Research, 5(3)：142-145.

SUN X, SHI J, DING G, 2017. Combined effects of arbuscular mycorrhiza and drought stress on plant growth and mortality of forage sorghum[J]. Applied Soil Ecology, 119：384-391.

WAŻNY R, ROZPADEK P, JEDRZEJCZYK R J, et al., 2018. Does co-inoculation of Lactuca serriolawith endophytic and arbuscular mycorrhizal fungi improve plant growth in a polluted environment?[J]. Mycorrhiza, 28(3): 235-246.

YU F Q, LIU P G, 2002. Reviews and prospects of the ectomycorrhizal research and application[J]. Acta Ecol Sin, 22(12): 2217-2226.

第12章 无籽刺梨果酒研发现状

随着无籽刺梨种植面积的扩大和产量的提高，其市场价格逐年下降，广大种植户的生产积极性受到严重的打击，因此，无籽刺梨深加工产品的开发迫在眉睫。自古以来，发酵型果酒就受到人们的喜爱，并且与人们的日常生活密切相关，在很大程度上保障了人们的食品安全和保健需要(Swain et al.，2014；Almeida et al.，2007；Haruta et al.，2006；Hansen，2002)。无籽刺梨发酵型果酒酒精度低，保留了无籽刺梨原有的维生素、氨基酸和矿物质等(Lee et al.，2008)，较以粮食酒为原料的蒸馏酒有较高的营养价值(Saerens et al.，2010；Sumby et al.，2010)，具有调节人体新陈代谢、促进血液循环、控制体内胆固醇水平、抗衰老等医疗、保健作用(Ju et al.，2013；Hazelwood et al.，2008)。无籽刺梨果汁中单宁、总酸含量高，使得无籽刺梨果酒生产过程中存在起酵时间长、品甲醇含量高、易氧化褐变并产生氧化的问题，从而造成产品品质低下，在一定程度上阻碍了无籽刺梨果酒的发展(贺红早等，2015a；贺红早等，2015b)。开展无籽刺梨果酒工艺优化和风味控制研究，可促进无籽刺梨产业健康发展，促进农民增产增收。

12.1 无籽刺梨的果酒工艺研究

12.1.1 材料与方法

1. 材料与试剂

无籽刺梨果实采于贵州省安顺市西秀区，实验所需 EX 果胶酶、M05 活性贝酵母等购于天津盛丰商贸有限公司，白砂糖购于市场。

2. 试验方法与步骤

发酵配方：无籽刺梨 500～1000 份，白葡萄干 100～150 份，纯净水 100～150 份，白砂糖 100～150 份，酵母 0.05～0.1 份，偏重亚硫酸钾 0.15～0.2 份制作而得。

试验步骤为鲜果→分选→破碎→酶降解→发酵→倒桶→后酵→陈酿→过滤→检测→成品。具体步骤如下。

(1)入灌发酵。将酿酒酵母、白葡萄干放入纯净水中搅拌 30min 得纯净水 A 备用；将无籽刺梨鲜果清洗沥干后，喷洒偏重亚硫酸钾，分别按全果发酵、无籽刺梨汁发酵、无籽刺梨汁渣混合发酵(表 12-1)三个处理送入密闭发酵灌至八成满,喷入果胶酶,然后将纯净水 A 入灌,温度控制在 22~25℃,安装发酵栓。

表 12-1 试验因素水平

水平	因素		
	A：全果发酵	B：无籽刺梨果汁发酵	C：无籽刺汁渣混合发酵
1	+	-	-
2	-	+	-
3	-	-	+

注：表中"+"代表是,"-"代表否。

(2)出酒。7~10d 后,先将发酵灌的出酒管打开,让酒自行流出(淋酒),剩余的酒渣采用压榨机压榨(压榨酒)。

(3)后酵。贮酒灌装满酒后置于 20~22℃的环境,安装发酵栓,30~40d 将残糖转化成酒精,得无籽刺梨果酒。

(4)陈酿。将后酵好的无籽刺梨果酒放入密闭的酒坛或容器中,移入温度为 8~12℃,相对湿度为 85%左右的地下室陈酿 30~35d。

(5)过滤装瓶。陈酿后的无籽刺梨果酒采用直径为 0.45μm 的聚醚砜(PES)微孔滤膜过滤,检测,然后装瓶,即得成品。

3. 发酵产物测定

果酒发酵完成后的产物(酒精、丙三醇、有机酸等)采用高效液相色谱法测定,包括 Finnigan Surveyor 色谱仪带示差折光检测器(Finnigan Surveyor-RI Plus detector),Aminex 糖分析柱(Aminex HPX-87H column)(300mm×7.8mm)。色差分析于 60℃进行,采用硫酸溶液(5 mmol/L)作为洗提液,流速 0.6mL/min,样品体积 1L,于测量峰值时读数。

4. 产品感官指标内容及其分析方法

感官指标主要是通过视觉、嗅觉、味觉等方面对产品进行感官评价,包括外观、色泽、香气、口味、风格五个方面,参照 GB/T15037 评分标准,制定无籽刺梨果酒的感官评分标准,具体评分标准如表 12-2 所示。

表 12-2 无籽刺梨果酒感官评分标准

项目	评分标准	分值
外观	澄清透明、晶亮,无悬浮物、无沉淀	20 分
色泽	金黄色至赤金色	20 分
香气	具有和谐的果香、陈酿的橡木香,醇和的酒香,幽雅浓郁	20 分
口味	醇和、甘洌、沁润、细腻、丰满、绵延	20 分
风格	具有本品独特的风格	20 分

12.1.2　结果与分析

1. 次生代谢产物测定

乙醇、丙三醇、乙酸、乳酸、丁二酸、柠檬酸等次生代谢产物的含量是评定果酒品质的重要指标。本研究采用高效液相色谱法对乙醇、丙三醇、乙酸、乳酸、丁二酸、柠檬酸等次生代谢产物进行了定量测定（表 12-3）。采用汁渣混合发酵产品乙醇含量为 71.58g/L，果汁发酵产品乙醇含量 73.45g/L，全果发酵产品乙醇含量为 72.22g/L，但三者之间没有显著性差异。丙三醇含量为汁渣混合发酵（4.75g/L）＞果汁发酵（4.22g/L）＞全果发酵（3.41g/L），乙酸含量为汁渣混合发酵（0.52g/L）＞果汁发酵（0.45g/L）＞全果发酵（0.33g/L），乳酸含量为汁渣混合发酵（0.18g/L）＞果汁发酵（0.13g/L）＞全果发酵（0.12g/L），丁二酸含量为汁渣混合发酵（0.55g/L）＞果汁发酵（0.44g/L）＞全果发酵（0.23g/L），柠檬酸含量为汁渣混合发酵（2.06g/L）＞果汁发酵（1.25g/L）＞全果发酵（0.52g/L），且通过汁渣混合发酵的与其他两组处理均有显著差异性。说明汁渣混合发酵能有效浸出无籽刺梨的有效成分，从而达到最佳发酵效果，对提高产品品质具有重要意义。

表 12-3　发酵次生代谢产物测定结果

序号	次生代谢物	产量/(g/L)		
		全果发酵	果汁发酵	汁渣混合发酵
1	乙醇	72.22±1.32a	73.45±1.52a	71.58±1.24ab
2	丙三醇	3.41±0.18c	4.22±0.13b	4.75±0.22a
3	乙酸	0.33±0.10c	0.45±0.06b	0.52±0.09a
4	乳酸	0.12±0.03c	0.13±0.04b	0.18±0.03a
5	丁二酸	0.23±0.05b	0.44±0.06b	0.55±0.07a
6	柠檬酸	0.52±0.08c	1.25±0.11b	2.06±0.06a

注：数字为三个重复样本的平均值±标准差，不同的小写字母表示显著差异（$P<0.05$）。

2. 无籽刺梨果酒的感官指标分析

通过酒样准备，采用肉眼观察杯中酒的外观与色泽，嗅闻其挥发香气，仔细品尝酒的口味，综合外观、色泽、香气与口味等感官特点，分析评价出无籽刺梨鲜果不同处理后发酵产品的风格，结果如表 12-4 所示。

表 12-4　三种酿酒酵母发酵产品感官要求比较分析

项目	要求		
	汁渣混合发酵	果汁发酵	全果发酵
外观	澄清透明、晶亮，无悬浮物、无沉淀		
色泽	金黄色至赤金色	金黄色	金黄色
香气	具有和谐的无籽刺梨果香、陈酿的橡木香、醇和的酒香，幽雅浓郁	具有和谐的无籽刺梨果香、陈酿的橡木香、醇和的酒香，幽雅	具有无籽刺梨果香、陈酿的橡木香、醇和的酒香，幽雅浓郁
口味	醇和、甘冽、沁润、细腻、丰满、绵延	醇和、甘冽、丰满、绵柔	甘冽、沁润、细腻、丰满、绵柔
风格	具有本品独特的风格	具有本品独特的风格	具有本品独特的风格

如表 12-4 所示，采用汁渣混合发酵的无籽刺梨果酒经陈酿后，外观澄清透明、晶亮，无悬浮物、无沉淀，色泽金黄色至赤金色，香气具有和谐的无籽刺梨果香、陈酿的橡木香和醇和的酒香，幽雅浓郁，口味醇和、甘冽、沁润、细腻、丰满、绵柔，具有本品独特的风格。采用果汁发酵发酵后的产品呈赤金色，具有和谐的无籽刺梨果香、陈酿的橡木香和醇和的酒香，幽雅，口感醇和、甘冽、丰满、绵柔，具有本品独特的风格。采用全果发酵的果酒，其色泽为金黄色，具有无籽刺梨果香、陈酿的橡木香和醇和的酒香，幽雅浓郁，口感甘冽、沁润、细腻、丰满、绵柔，具有本品独特的风格。

12.1.3　结论

本研究采用高效液相色谱法测定全果发酵、果汁发酵、汁渣混合发酵后产品乙醇、丙三醇、乙酸、乳酸、丁二酸、柠檬酸等次生代谢产物含量，除乙醇产量外，汁渣混合发酵其丙三醇、乙酸、乳酸、丁二酸、柠檬酸含量均高于全果发酵、果汁发酵等处理，说明采用汁渣混合发酵，其产品品质在理化性质上明显优于采用全果发酵、果汁发酵的产品。汁渣混合发酵的无籽刺梨果酒经陈酿后，经感官指标分析，具有和谐的无籽刺梨果香、陈酿的橡木香、醇和的酒香，幽雅浓郁；口味醇和、甘冽、沁润、细腻、丰满、绵柔，在感官上优于全果发酵、果汁发酵等处理。说明汁渣混合发酵能有效浸出无籽刺梨有效成分，从而达到最佳发酵效果，对提高产品品质具有重要意义。

12.2　无籽刺梨酿酒酵母与产品品质研究

果酒酿制是一个复杂的过程，果酒酿造酵母在这个过程中具有基础的决定性作用(张超等，2015；刘永衡等，2013；李静，2008)。酿酒酵母在果酒发酵过程中能否发挥作用归因于多种因素，包括对酒精的耐受性和高渗性(Pretorius et al.，2000)。然而，在果糖耗尽之前的发酵过程中，酿酒酵母的生理机能也可缓慢地影响果酒的品质(Malherbe et al.，

2007)。发酵中止主要在于酒精对酵母的损害或其他因素的作用 (Santos et al., 2008; Malherbe et al., 2007)。果酒中的口感和芳香性气味是由乙酯、醋酸盐、多醇类、羰基化合物和挥发性脂肪酸等发酵过程中酿酒酵母所产生的次生代谢产物共同作用的结果 (Romano et al., 2003),因此,酿酒酵母的选择在果酒酿制过程中具有关键作用,选择一种合适的酵母不仅可以保障果酒发酵过程的顺利进行 (Saerens et al., 2010; Heard and Fleet, 1985),还可以提升果酒的品质 (Sumby et al., 2010; Hazelwood et al., 2008)。

针对无籽刺梨果汁中单宁、总酸含量高、起酵时间长、产品甲醇含量高、易氧化褐变并产生氧化味的问题,本研究拟通过比较活性酿酒酵母 (*Saccharomyces serevisiae*)、m05 活性贝酵母 (*Saccharomyces bayanus*)、活性戴尔有孢圆酵母 (*Torulaspora debrueckii*) 三种酿酒酵母对无籽刺梨果酒发酵过程及产品品质的影响,找出一种最佳的无籽刺梨果酒酿酒酵母,为无籽刺梨果酒产业的发展提供参考依据。

12.2.1　材料与方法

同 12.1 节中材料与方法。

12.2.2　发酵产物测定

果酒发酵完成后的产物(酒精、丙三醇、有机酸等)采用高效液相色谱法测定,包括 Finnigan Surveyor 色谱仪带示差折光检测器 (Finnigan Surveyor-RI Plus detector),Aminex 糖分析柱 (Aminex HPX-87H column) (300 mm×7.8mm)。色差分析于 60℃进行,采用硫酸溶液 (5 mmol/L) 作为洗提液,流速 0.6mL/min,样品体积 1L,于测量峰值时读数。

12.2.3　产品感官指标内容及其分析方法

感官指标主要是通过视觉、嗅觉、味觉等方面对产品进行感官评价,包括外观、色泽、香气、口味、风格等五个方面,具体评分标准如表 12-5 所示。

表 12-5　无籽刺梨果酒感官评分标准

项目	评分标准	
外观	澄清透明、晶亮,无悬浮物、无沉淀	20 分
色泽	金黄色至赤金色	20 分
香气	具有和谐的果香、陈酿的橡木香、醇和的酒香,幽雅浓郁	20 分
口味	醇和、甘洌、沁润、细腻、丰满、绵延	20 分
风格	具有本品独特的风格	20 分

12.2.4 酿酒酵母测定以及对果酒发酵过程和产品品质影响评价

1. 酵母活性测定

发酵过程中 CO_2 的产量是直接评定酵母活性的重要指标，本研究采用气相色谱仪对发酵过程中的 CO_2 进行定量测定。图 12-1 表明，M05 活性贝酵母的活性明显比活性酿酒酵母、戴尔有孢圆酵母强，在 10 天的发酵过程中，M05 活性贝酵母总共有 27.42g CO_2 产生，活性酿酒酵母 CO_2 产量为 21.83g，戴尔有孢圆酵母 CO_2 产量为 20.07g。在发酵初期的前 3 天，三种酵母的活性差别不大，如第 1 天，活性酿酒酵母 CO_2 产量为 0.56g，M05 活性贝酵母 CO_2 产量为 0.57g，戴尔有孢圆酵母 CO_2 产量为 0.47g；第 3 天后，三种酵母的活性均表现出明显的增强趋势；第 6 天后，这种增强趋势的差别明显拉大，M05 活性贝酵母 CO_2 产量为 3.79g，活性酿酒酵母 CO_2 产量为 2.65g，戴尔有孢圆酵母 CO_2 产量为 2.45g；第 10 天，三种酿酒酵母的活性达最大值，M05 活性贝酵母 CO_2 产量为 4.57g，活性酿酒酵母 CO_2 产量为 3.57g，戴尔有孢圆酵母 CO_2 产量为 3.64g。从 CO_2 的产量可以得出，M05 活性贝酵母在无籽刺梨果酒发酵过程中活性最大，其次分别为活性酿酒酵母、戴尔有孢圆酵母。因此，使用 M05 活性贝酵母进行无籽刺梨果酒发酵，可以缩短发酵时间。

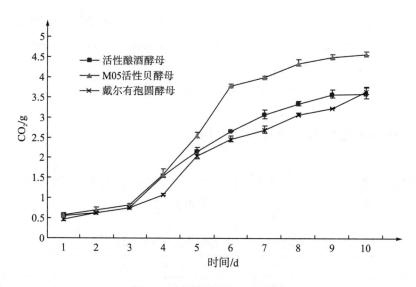

图 12-1　发酵过程 CO_2 的产量

2. 发酵产物测定

乙醇、丙三醇、乙酸、乳酸、丁二酸、柠檬酸等物质是酿酒酵母在生长与繁殖过程所产生的次生代谢产物，丙三醇、乙酸、乳酸、丁二酸、柠檬酸次生代谢产物的含量是评定果酒品质的重要指标。采用高效液相色谱法对乙醇、丙三醇、乙酸、乳酸、丁二酸、柠檬酸等次生代谢产物进行定量测定(表12-6)。活性酿酒酵母乙醇产量为74.15g/L，M05活性贝酵母乙醇产量为71.58 g/L，戴尔有孢圆酵母乙醇产量为69.04 g/L，其中活性酿酒酵母与M05活性贝酵母、戴尔有孢圆酵母之间具有显著差异，M05活性贝酵母与戴尔有孢圆酵母之间没有显著差异。丙三醇的产量分别为3.24 g/L(活性酿酒酵母)、4.75 g/L(M05活性贝酵母)、3.11 g/L(戴尔有孢圆酵母)，M05活性贝酵母与活性酿酒酵母、戴尔有孢圆酵母之间具有显著差异，而活性酿酒酵母与戴尔有孢圆酵母之间没有显著差异。乙酸产量分别为 0.38 g/L(活性酿酒酵母)、0.52g/L(M05活性贝酵母)、0.41g/L(戴尔有孢圆酵母)，M05活性贝酵母与活性酿酒酵母之间具有显著差异。乳酸产量分别为0.15g/L(活性酿酒酵母)、0.18g/L(M05活性贝酵母)、0.12g/L(戴尔有孢圆酵母)，三者之间具有显著差异。丁二酸产量分别为0.31 g/L(活性酿酒酵母)、0.55g/L(M05活性贝酵母)、0.54g/L(戴尔有孢圆酵母)，三者之间具有显著差异。柠檬酸产量分别为 0.49g/L(活性酿酒酵母)、2.06g/L(M05活性贝酵母)、1.15g/L(戴尔有孢圆酵母)，三者之间具有显著差异。除乙醇产量外，M05活性贝酵母在无籽刺梨果酒发酵过程中，丙三醇、乙酸、乳酸、丁二酸、柠檬酸产量均比活性酿酒酵母、戴尔有孢圆酵母高，说明采用M05活性贝酵母进行无籽刺梨果酒发酵后，其产品品质在理化性质上明显优于采用活性酿酒酵母、戴尔有孢圆酵母发酵的产品。

表 12-6　酵母次生代谢产物测定结果

序号	次生代谢产物	产量/(g/L)		
		活性酿酒酵母	M05 活性贝酵母	戴尔有孢圆酵母
1	乙醇	74.15±1.65a	71.58±1.24b	69.04±1.07b
2	丙三醇	3.24±0.21b	4.75±0.22a	3.11±0.15b
3	乙酸	0.38±0.05b	0.52±0.09a	0.41±0.10ab
4	乳酸	0.15±0.02b	0.18±0.03a	0.12±0.01c
5	丁二酸	0.31±0.06b	0.55±0.07a	0.54±0.06a
6	柠檬酸	0.49±0.06c	2.06±0.06a	1.15±0.15b

注：数字为三份样本的平均值±标准差，不同的小写字母表示显著差异($P<0.05$)。

3. 无籽刺梨果酒的感官指标分析

通过酒样准备，采用肉眼观察杯中酒的外观与色泽，嗅闻其挥发香气，仔细品尝酒的口味，综合外观、色泽、香气与口味的特点，分析评价出三种酿酒酵母发酵产品的风格，结果如表 12-7 所示。

表 12-7　三种酿酒酵母发酵产品感官要求比较分析

项目	要求		
	M05 活性贝酵母	活性酿酒酵母	戴尔有孢圆酵母
外观	澄清透明、晶亮，无悬浮物、无沉淀		
色泽	金黄色至赤金色	金黄色至赤金色	金黄色至赤金色
香气	具有和谐的无籽刺梨果香、陈酿的橡木香、醇和的酒香，幽雅浓郁	具有和谐的无籽刺梨香、陈酿的橡木香、醇和的酒香，幽雅	具有和谐的无籽刺梨果香、陈酿的橡木香、醇和的酒香，幽雅浓郁
口味	醇和、甘洌、沁润、细腻、丰满、绵延	醇和、甘洌、丰满、绵柔	醇和、甘洌、沁润、细腻、丰满、绵柔
风格	具有本品独特的风格	具有本品独特的风格	具有本品独特的风格

表 12-7 中，采用 M05 活性贝酵母发酵的无籽刺梨果酒经陈酿后，外观澄清透明、晶亮，无悬浮物、无沉淀；色泽金黄色至赤金色；香气具有和谐的无籽刺梨果香、陈酿的橡木香、醇和的酒香，幽雅浓郁；口味醇和、甘洌、沁润、细腻、丰满、绵柔；具有本品独特的风格。

12.2.5　结论

本研究采用气相色谱仪测定活性酿酒酵母、M05 活性贝酵母、戴尔有孢圆酵母三种酿酒酵母在无籽刺梨果酒发酵过程中的 CO_2 产量，10 天发酵过程中，M05 活性贝酵母 CO_2 产量为 27.42g，活性酿酒酵母 CO_2 产量为 21.83g，戴尔有孢圆酵母 CO_2 产量为 20.07g，说明在无籽刺梨果酒发酵过程中，M05 活性贝酵母活性最大，可以缩短发酵时间。然后采用高效液相色谱法对乙醇、丙三醇、乙酸、乳酸、丁二酸、柠檬酸等次生代谢产物进行了定量测定，除乙醇产量外，在无籽刺梨果酒发酵过程中，M05 活性贝酵母丙三醇、乙酸、乳酸、丁二酸、柠檬酸产量均比活性酿酒酵母、戴尔有孢圆酵母高，说明采用 M05 活性贝酵母进行无籽刺梨果酒发酵后，其产品品质在理化性质上明显优于采用活性酿酒酵母、戴尔有孢圆酵母发酵的产品。经感官指标分析后，M05 活性贝酵母发酵的无籽刺梨果酒经陈酿后，具有和谐的无籽刺梨果香、陈酿的橡木香和醇和的酒香，幽雅浓郁，口味醇和、甘洌、沁润、细腻、丰满、绵柔。

12.3　本章总结

研究表明，采用汁渣混合发酵，其产品品质在理化性质上明显优于采用全果发酵、果汁发酵的产品。汁渣混合发酵的无籽刺梨果酒经陈酿后，在感官上优于全果发酵、果汁发酵等处理。说明汁渣混合发酵能有效浸出无籽刺梨有效成分，从而达到最佳发酵效果，对提高产品品质具有重要意义。

在无籽刺梨果实经 10 天发酵过程中，M05 活性贝酵母活性最大，可以缩短发酵时间。采用 M05 活性贝酵母进行无籽刺梨果酒发酵后，其产品品质在理化性质上明显优于采用活性酿酒酵母、戴尔有孢圆酵母发酵的产品。M05 活性贝酵母发酵的无籽刺梨果酒经陈酿后，具有和谐的无籽刺梨果香、陈酿的橡木香和醇和的酒香，幽雅浓郁，口味醇和、甘冽、沁润、细腻、丰满、绵柔，M05 活性贝酵母发酵提高了无籽刺梨果酒产品品质。

参 考 文 献

贺红早，张玉武，刘盈盈，等，2015a. 三种酵母对无籽刺梨果酒品质的影响[J]. 酿酒科技，10：10-13.

贺红早，张玉武，刘盈盈，等，2015b. 无籽刺梨果酒酿制工艺优化初探[J]. 酿酒科技，11：91-93.

李静，2008. 果酒酿造中优良酵母菌株的筛选[J]. 酿酒，35(2)：63-65.

刘永衡，华惠敏，吴桂君，等，2013. 果酒酵母选育及酵母对香气成分影响的研究进展[J]. 中国酿造，32(10)：5-8.

张超，谭平，王玉霞，等，2015. 青梅果酒酿造酵母菌筛选研究[J]. 酿酒科技，4：23-27.

ALMEIDA E G，Rachid C C T C，Schwan R F，2007. Microbial population present in fermented beverage 'cauim' produced by Brazilian Amerindians[J]. Int J Food Microbiol，120(1)：146-51.

HANSEN E B，2002. Commercial bacterial starter cultures for fermented foods of the future[J]. Int J Food Microbiol，78(1)：119-131.

HARUTA S，UENO S，EGAWA I，et al.，2006. Succession of bacterial and fungal communities during a traditional pot fermentation of rice vinegar assessed by PCR-mediated denaturing gradient gel electrophoresis[J]. Int J Food Microbiol，109(1)：79-87.

HAZELWOOD L A，DARAN J M，PRONK J T，et al.，2008. The Ehrlich pathway for fusel alcohol production：a century of research on Saccharomyces cerevisiae metabolism[J]. Appl Environ Microb，74：2259-2266.

HEARD G M，FLEET G H，1985. Growth of natural yeast flora during the fermentation of inoculated wines[J]. Appl Environ Microb，50：727-728.

JU Y，ZHUO J X，LIU B，et al.，2013. Eating from the wild：diversity of wild edible plants used by Tibetans in Shangri-la region，Yunnan. China J Ethnobiol Ethnomed，9(1)：28.

LEE J C，KIM J D，HSIEH F H，et al.，2008. Production of black rice cake using ground black rice and medium-grain brown rice[J]. Int J Food Sci Tech，43(6)：1078-1082.

MALHERBE S，BAUER F F，TOIT M D，2007. Understanding problem fermentations – a review[J]. S Afric J Enol Vitic，28：169-186.

PRETORIUS I S, 2000. Tailoring wine yeast for the new millennium: novel approaches to the ancient art of winemaking[J]. Yeast, 16: 675-729.

ROMANO P, FIORE C, PARAGGIO M, et al., 2003. Function of yeast species and strains in wine flavour[J]. Int J Food Microbio, 186: 169-180.

SAERENS S M G, DELVAUX F R, VERSTREPEN K J, et al., 2010. Production and biological function of volatile esters in Saccharomyces cerevisiae[J]. Microbiol Biotechnol, 3: 165-177.

SANTOS J, SOUSA M J, CARDOSO H, et al., 2008. Ethanol tolerance of sugar transport, and the rectification of stuck wine fermentations[J]. Microbiology, 154: 422-430.

SUMBY K M, GRBIN P R, JIRANEK V, 2010. Microbial modulation of aromatic esters in wine: current knowledge and future prospects[J]. Food Chem, 121: 1-16

SWAIN M R, ANANDHARAJ M, RAY R C, et al., 2014. Fermented fruits and vegetables of Asia: a potential source of probiotics[J]. Biotech Res Int. 2014: 250424.

附　　图

附图 1　无籽刺梨开花

附图 2　无籽刺梨果实

附图3　无籽刺梨原产地生境（贵州省兴仁县回龙镇）（一）

附图4　无籽刺梨原产地生境（贵州省兴仁县回龙镇）（二）

附图 5　时圣德老师重回无籽刺梨原产地

附图 6　著者（右一）拜会时圣德老师

附图 7　安顺市鸡场乡无籽刺梨推广种植地（一）

附图 8　安顺市鸡场乡无籽刺梨推广种植地（二）

附图 9　安顺市西秀区无籽刺梨推广种植地（一）

附图 10　安顺市西秀区无籽刺梨推广种植地（二）

附图 11 安顺市石厂乡无籽刺梨推广种植地（一）

附图 12 安顺市石厂乡无籽刺梨推广种植地（二）

附图 13　黔西南州兴仁县无籽刺梨推广种植地（一）

附图 14　黔西南州兴仁县无籽刺梨推广种植地（二）

附图 15　贵阳市开阳县无籽刺梨推广种植地（一）

附图 16　贵阳市开阳县无籽刺梨推广种植地（二）

附图 17　贵阳市乌当区无籽刺梨推广种植地（一）

附图 18　贵阳市乌当区无籽刺梨推广种植地（二）

附图 19　无籽刺梨果实收获（一）

附图 20　无籽刺梨果实收获（二）

附图 21　无籽刺梨扦插育苗大棚步道设计

附图 22　无籽刺梨扦插育苗大棚土壤消毒

附图 23　无籽刺梨扦插穗条的准备

附图 24　无籽刺梨育苗营养袋装土

附图25　无籽刺梨大棚育苗营养袋扦插（一）

附图26　无籽刺梨大棚育苗营养袋扦插（二）

附图 27　无籽刺梨大棚育苗营养袋扦插育苗发芽情况（一）

附图 28　无籽刺梨大棚育苗营养袋扦插育苗发芽情况（二）

附图 29　无籽刺梨露天遮荫扦插

附图 30　无籽刺梨露天扦插 1 年生苗

附图 31　无籽刺梨扦插苗栽种（1 年）

附图 32　无籽刺梨扦插苗开花结果（2 年）

附图33 无籽刺梨早期开花情况（早期）

附图34 无籽刺梨开花情况（晚期）

附图 35　无籽刺梨结果情况（早期）

附图 36　无籽刺梨结果情况（晚期）

附图 37 无籽刺梨套袋实验

附图 38 无籽刺梨套袋效果图

附图 39　无籽刺梨叶片组织培养实验（一）

附图 40　无籽刺梨叶片组织培养实验（二）

附图 41　无籽刺梨穴盘扦插试验

附图 42　无籽刺梨穴盘扦插生根效果

附图 43　无籽刺梨扦插苗移栽

兴仁县举办无籽刺梨种植技术培训会

附图 44　无籽刺梨种植技术科技服务与推广（2014 年）

附图 45　无籽刺梨种植技术科技服务与推广（2015 年）

附图47 课题组野外资源调查与取样

注：图片由贵州师范大学李朝婵、全文选、李婕羚、付远洪，贵州洪黔公司杨开洪、龚必锋提供。